Mein Aquarium

Handbuch für Einsteiger

Mein
Aquarium
Handbuch für Einsteiger

EDITION XXL

Inhalt

Vorwort

Das Süßwasseraquarium

Dass ein Aquarium nicht nur als Dekoration der eigenen vier Wände dient, können sicher viele Aquariumfreunde bestätigen. Natürlich ist ein schön eingerichtetes Aquarium ein herrlicher Anblick, wenn man die Wohnung betritt. Doch es geht um mehr. Es geht um die Faszination, von der auch Taucher berichten, wenn sie von einem erfolgreichen Tauchgang heimkehren. Fische, Garnelen und andere Wasserbewohner unter der Wasseroberfläche zu beobachten, hat einen ganz besonderen Reiz!

Ein Heimaquarium kann nur einen kleinen Teil dessen wiedergeben, was man in freier Wildbahn entdecken kann. Aber dafür ist weder ein so großer Zeit- noch Geldaufwand nötig wie beim Tauchsport. Wann immer einem danach ist, kann man sich vor das Aquarium setzen, um die Tiere unter der Wasseroberfläche zu beobachten. Das wirkt entspannend und ist bei Vielen als Wundermittel gegen Stress bekannt.

Respekt vor den Wasserlebewesen wird natürlich vorausgesetzt. Dass man ihnen die besten Bedingungen bietet, die sie für ein artgerechtes Leben brauchen, sollte selbstverständlich sein. Ein Aquarium will mit Liebe und Hingabe gepflegt werden. Denn die Bewohner brauchen nicht nur regelmäßig Futter, sondern auch eine gute Wasserqualität und genügend Raum im Becken.

Aber man sollte sich zu allererst die Frage stellen, ob man sich ein Süßwasser- oder Meereswasseraquarium halten will. Eines dazu vorneweg: Meereswasseraquarien sind anspruchsvoller in der Pflege und auch kostenaufwendiger: So ist die Einstellung des richtigen Salzgehaltes beispielsweise eine Philosophie für sich und ein Meereswasseraquarium erfordert mehr technische Geräte als ein Süßwasseraquarium.

Anfänger sollten deshalb ihr neues Hobby mit dem Aufbau eines Süßwasseraquariums einläuten. Sobald man hier genügend Erfahrungen gesammelt hat, kann man sich immer noch überlegen, sich ein zweites Aquarium – eben ein Meereswasseraquarium – anzuschaffen.

In diesem Buch, das speziell für Anfänger geschrieben wurde, geht es deshalb nur um das Süßwasseraquarium. Es soll einen Überblick verschaffen von der Anschaffung über die Fisch- und Pflanzenauswahl, die Pflege, geeignete Mitbewohner und mögliche Problemfälle bis hin zu nützlichem Zubehör.

Auf den folgenden Seiten erfahren Sie von A bis Z, was man eben über ein Süßwasseraquarium wissen sollte. Tauchen Sie mit uns ab in die faszinierende Welt der Wasserlebewesen und gestalten Sie Schritt für Schritt Ihr eigenes Süßwasserheimaquarium – ganz nach Ihren Wünschen und natürlich auch nach denen der Bewohner des Aquariums.

Ein Aquarium wirkt entspannend und ist deshalb bei Vielen zur Unterstützung der Stressbewältigung beliebt.

Goldfisch
Carassius auratus auratus

Den Bewohnern ein schönes Zuhause vorbereiten

Die Vorbereitung

Was brauchen Aquarienbewohner alles, um sich wohlzufühlen und artgerecht gehalten zu werden? Das Becken muss die richtige Größe haben, Filter und Pumpen, eine entsprechende Beleuchtung sowie ein Temperaturregler müssen her. Pflanzen sind nur ein Teil der Dekorationsmöglichkeiten, doch sie haben noch einen anderen Zweck, als nur das Becken hübsch aussehen zu lassen. Sie finden in diesem Buch deshalb ein eigenes Kapitel zum

Thema „Botanik unter Wasser". Wasser ist das Lebenselixier der Aquarienbewohner, es muss daher bestimmten Anforderungen gerecht werden. Für den Bodengrund muss Sand oder Kies besorgt werden und einiges zusätzliches Material kann auf Dauer auch sehr hilfreich sein.

Bevor die Tiere in ihr neues Zuhause einziehen, sollte dieses gut vorbereitet werden. Das Aquarium muss mindestens zwei, besser noch drei bis vier Wochen, bevor Sie die ersten Tiere ins Becken setzen, vollständig eingerichtet und bepflanzt sein. Nur so kann sich das biologische Gleichgewicht einstellen.

Biologisches Gleichgewicht

Jedes Aquarium muss ein biologisches Gleichgewicht vorweisen. Und das hängt davon ab, ob das Verhältnis zwischen Bewohnern, Pflanzen und Mikroorganismen ausgewogen ist. Man kann sich den Vorgang wie einen Kreislauf vorstellen: Mikroorganismen, die sich mit der Zeit im Bodensubstrat und Filter sammeln, bilden tierische Ausscheidungsprodukte.

Davon ernähren sich die im Aquarium befindlichen Pflanzen. Die Pflanzen sind wiederum wichtig für die Tiere, da sie Sauerstoff produzieren, den diese zum Atmen benötigen. Kommt das biologische Gleichgewicht aus dem Takt, weil beispielsweise zu viele Fische im Becken Platz finden müssen, kommt es zu einem Nährstoffüberschuss, der wiederum zur Algenplage führen kann.

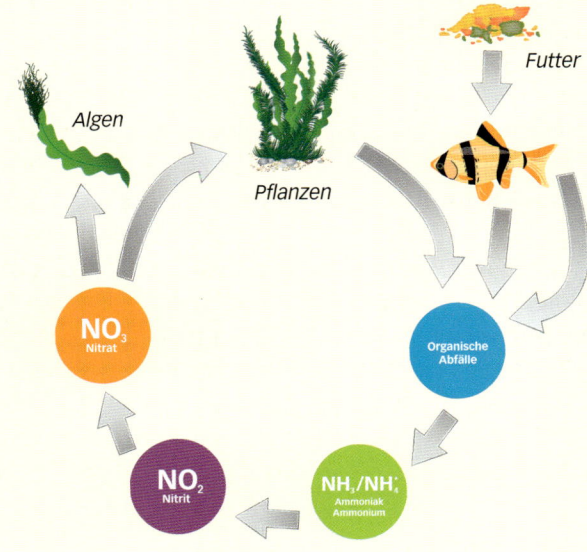

Das Becken

Die Größe

Welche Größe das Becken haben muss, hängt davon ab, wie viele und welche Fische man dort hineinsetzen möchte. Eine alte Faustregel besagt: 1 cm Fisch pro 1–2 Liter Wasser. An diesen groben Richtwert kann man sich schon halten. Dies gilt allerdings nur für ausgewachsene Fische.

Doch um sicherzugehen, dass die Fische genügend Platz haben und nicht durch Überbesetzung unnötig gestresst werden, sollte die Besatzdichte genau berechnet werden. Geht man davon aus, dass das Becken 100 Liter Gesamtvolumen umfasst, müssen 17–20 % des Gesamtvolumens für Bodensubstrat, Dekorations- und Technikgegenstände abgezogen werden. In diesem Beispiel wären das rund 17,5 Liter. Übrig bleiben 82,5 Liter Wasservolumen, das wiederum durch 1,5 Liter Wasser pro cm Fischlänge dividiert werden muss. So kommt man auf eine Gesamtfischlänge von 55 cm. Geht man davon aus, dass die Fische, die man in das Becken setzen will, durchschnittlich 5 cm lang sind, kommt man auf 11 Exemplare, die in diesem Becken ausreichend Platz finden würden. Natürlich müssen auch die Mindestbeckengrößenangaben berücksichtigt werden, die dem Zierfisch-Lexikon entnommen werden können. Und wenn Sie planen, Ihren Fischen Gesellschaft anzubieten, z. B. durch Garnelen oder Schnecken, müssen Sie auch diese in Ihre Berechnungen miteinbeziehen.

Folgende Standardgrößen werden in jedem Fachgeschäft angeboten:
- 54-Liter-Becken: 60 x 30 x 30 cm
- 160-Liter-Becken: 80 x 40 x 50 cm
- 200-Liter-Becken: 100 x 40 x 50 cm
- 240-Liter-Becken: 120 x 40 x 50 cm
- 250-Liter-Becken: 100 x 50 x 50 cm
- 300-Liter-Becken: 120 x 50 x 50 cm

Die Annahme, dass kleine Becken leichter zu pflegen sind als große, ist übrigens nicht korrekt! Im Gegenteil: Wer sich für ein größeres Becken entscheidet, wird merken, dass sich dort schneller ein stabiler Zustand des biologischen Gleichgewichts entwickelt als in einem kleinen Glaskasten. Zudem ist ein großes Becken attraktiver und mehr Fische finden in ihm Platz.

Die Form

Mittlerweile findet man im Zoofachhandel viele verschiedene Formen von Becken: Ob quadratisch, rechteckig, gewölbt oder auch in Form eines Zylinders – für jeden Geschmack ist etwas dabei. Bewährt hat sich jedoch die klassische Form des Rechtecks, da so eine große Wasseroberfläche gewährleistet ist. Je größer die Wasseroberfläche, desto größer ist der Gasaustausch mit der Luft und desto höher ist der Sauerstoffgehalt des Wassers. Gewölbte Becken haben außerdem den Nachteil, dass man die Fische verzerrt sieht.

Die Verarbeitung

Früher wurden Aquarien aus einem geschweißten Metallrahmen hergestellt, in den die Scheiben eingeklebt wurden. Heutzutage werden eher rahmenlose Becken genutzt. Die Scheiben sind hier mit Silikonkautschuk verbunden. Beim Kauf des Beckens ist darauf zu achten, dass alle Scheiben frei von Kratzern und Luftblasen sind, dicht aneinanderhaften und an keiner Stelle gesprungen sind. Kaufen Sie ein Becken mit einer Garantie auf die Klebung, so ist nicht nur Stabilität, sondern auch Sicherheit gewährleistet.

Schön anzusehen sind Vollglasaquarien, die aus einem Stück gegossen sind. Meist findet man diese Technik jedoch nur bei den bekannten Goldfischkugeln, die unter Aquarienfreunden als Tierquälerei gelten. Noch individueller kann ein Aquarium in einen Raum integriert werden, wenn die Glasscheiben als Raumteiler in die Wand eingefügt werden. Aber auch hier muss die artgerechte Haltung bei Ihren gestalterischen Überlegungen im Vordergrund stehen.

Überraschungen

Natürlich möchte man nicht gleich das Schlimmste annehmen und sich mit dem Gedanken auseinandersetzen müssen, dass das Becken zerbrechen und einen großen Wasserschaden in der Wohnung anrichten könnte. Doch wer vorsorgt, dem bleibt später eine böse

Durch den Bruch des Aquariums könnten folgende Schäden entstehen:

- Durch das Auslaufen des Wassers kann es zu Schäden am eigenen Hausrat kommen.
- Nicht nur die eigene Wohnung, sondern auch die des Nachbars kann betroffen sein. Es ist möglich, dass dieser verlangt, dass seine Schäden ebenfalls ersetzt werden.
- Das Aquarium an sich sowie das Zubehör sind kaputt und müssen ersetzt werden.
- Die Aquariumbewohner, tierische wie pflanzliche, kommen zu Schaden.

Überraschung erspart. Deshalb ist es ratsam, sich um das Thema Versicherungen zu kümmern, bevor es überhaupt zu einem Schaden kommt.

Das Problem besteht darin, dass man nicht exakt sagen kann, welche Versicherung genau für welchen Schaden aufkommen muss. Es bleibt also immer ein Eigenrisiko zurück. Doch die folgenden Versicherungen helfen, einen Großteil des Risikos abzudecken: Haftpflichtversicherung, Gebäudeversicherung, Hausratversicherung, Glasbruch- sowie Elektrogeräte-Versicherung.

Bei den meisten Haushalten sind diese Versicherungen sowieso bereits vorhanden. Es ist jetzt nur wichtig, das Aquarium als neuen Haushaltsgegenstand sowie auch Risikofaktor den jeweiligen Versicherungen zu melden. Nur so ist gewährleistet, dass diese im Fall der Fälle auch für dessen Schäden aufkommen. Idealerweise vereinbart man

einen Termin mit einem Versicherungs-
vertreter seines Vertrauens und handelt
mit ihm einen guten Schutz vor Schäden
rund um das Aquarium aus.

Wo platzieren?

Es stellen sich zwei Fragen: Worauf stelle
ich das Becken? Und wo platziere ich es
in meiner Wohnung? Das Becken kann
man auf einen Aquarienunterschrank
stellen, der in seiner Größe der des Beckens angepasst sein sollte. Wer Kosten
sparen möchte, kann bei Becken bis
ca. 100 Litern jedoch auch auf ein bereits vorhandenes Möbelstück wie eine
Kommode oder ein stabiles Sideboard
zurückgreifen. Prüfen Sie vorab die
Belastbarkeit des Unterschranks und
auch des Fußbodens, denn ein gefülltes
Becken kann so Einiges wiegen! Legen
Sie zwischen Möbelstück und Becken
eine Polysoftunterlage. Sie kann kleine
Unebenheiten wegzaubern und isoliert
außerdem das Aquarium gegen Wärme-
verlust nach unten.

Pro Liter Wasser im Becken entsteht
ein Gewicht von 1 kg. Ein 200-Liter-Be-
cken bringt also mindestens 200 kg auf
die Waage – das Gewicht des Beckens
muss natürlich noch dazugerechnet
werden. Kleinere Becken können zudem

mithilfe eines speziellen Wandhalters an
der Wand befestigt werden. Sie sind platz-
sparend, können jedoch nur Aquarien mit
maximal 80 Litern Inhalt tragen. Egal,
wofür man sich entscheidet: Der Unterschrank und das Becken müssen auf jeden Fall stabil und waagrecht stehen! Eine
Wasserwaage kann Ihnen dabei helfen.

Das Aquarium sollte dort platziert
werden, wo ein Stromanschluss und
Steckdosen vorhanden sind. Diese sind
für die technische Ausrüstung notwen-
dig, ohne die ein Aquarium nicht betrieben werden kann. Achten Sie darauf,
dass dort, wo Sie das Aquarium platzieren möchten, genügend Platz über dem
Becken ist, um die regelmäßigen Pflege-
arbeiten wie z. B. die Teilwasserwechsel
problemlos durchführen zu können.

Direkte Sonneneinstrahlung sollte vermieden werden, das Becken sollte lieber
in einer dunklen Ecke des Raumes stehen. Außerdem ist darauf zu achten, dass
das Aquarium nicht direkt neben einer
Heizung steht. Bekommt das Becken zu
viel Wärme ab, kann das Algenwachstum
immense Ausmaße annehmen, was im
Aquarium nicht erwünscht ist.

**Beim Kauf eines Aquariumbeckens sollte
man darauf achten, dass alle Scheiben frei
von Kratzern und Luftblasen sind und dass
es auf einem stabilen Unterschrank steht.**

Ideal sind ruhige, weit vom Fenster entfernte Stellen des Zimmers, denn durch das Fenster einfallendes Sonnenlicht fördert das Algenwachstum. Außerdem stellen sich die Fische schräg, weil – vereinfacht ausgedrückt – für sie oben ist, wo das Licht herkommt.

Offenes Becken

Ein offenes Becken ist schön anzusehen. Es hat den Vorteil, dass Pflanzen nach oben hin aus dem Becken herauswachsen können. Doch man muss sich darüber im Klaren sein, dass ein offenes Becken mehr Kosten verursacht. Ist das Becken nicht abgedeckt, verdunstet das Wasser schneller. Man muss also mit höheren Wasserkosten rechnen. Genauso werden die Heizkosten steigen, da die Wärme schneller aus dem Becken entweicht. Ein offenes Becken sollte immer gut durchgelüftet werden und genauso das Zimmer, in dem das Aquarium steht. Denn im Raum wird durch die Wasserverdunstung eine hohe Luftfeuchtigkeit herrschen. Wer ein offenes Becken betreibt, sollte keine Springfische, Garnelen oder Schnecken hineinsetzen. Um generell zu verhindern, dass Fische aus dem Becken hüpfen, kann man ein grobmaschiges Netz aus Nylonfaden über das Aquarium spannen. Es sollte selbstverständlich sein, dass man keine Katze im Haus hält, will man ein offenes Becken aufstellen.

Der Filter

Die Aufgabe eines Filters ist nicht in erster Linie, das Wasser von sichtbaren Schwebstoffen zu säubern, um wieder schönes klares Aquarienwasser zu haben. Seine Hauptaufgabe ist vielmehr, Schadstoffe durch eine bakterielle Reinigung ab- und umzubauen, die unsichtbar im Wasser gelöst sind. Diese Schadstoffe gelangen über Ausscheidungen, Futterreste und abgestorbene Pflanzenteile ins Wasser und können für die Bewohner auf Dauer schädlich sein.

Abhilfe schaffen bestimmte Bakterien, die sich auf den Ab- und Umbau dieser Schadstoffe spezialisiert haben. Auf dem Filtersubstrat von Aquarienfiltern finden diese Bakterien gute Lebensbedingungen und siedeln sich dort innerhalb von zwei bis vier Wochen an.

Je größer die Oberfläche des Filtersubstrats, desto mehr nützliche Bakterien können sich im Filter ansammeln.

Eine weitere Aufgabe des Filters ist, Bewegung im Wasser zu erzeugen. Zirkuliert dieses regelmäßig, kann es Sauerstoff und CO_2 besser transportieren.

Grundsätzlich unterscheidet man zwei Arten von Filtern: Innen- und Außenfilter.

Innenfilter

Innenfilter werden – wie der Name schon sagt – im Inneren des Aquariums installiert. Das hat den Vorteil, dass außerhalb des Beckens keine Schläuche verlaufen, aus denen Wasser austreten kann, wenn sie undicht werden. Der Nachteil von einem Innenfilter ist, dass man bei einer Reinigung des Filters in das Aquarium eingreifen muss.

Ein Aquarium mit Innenfilter

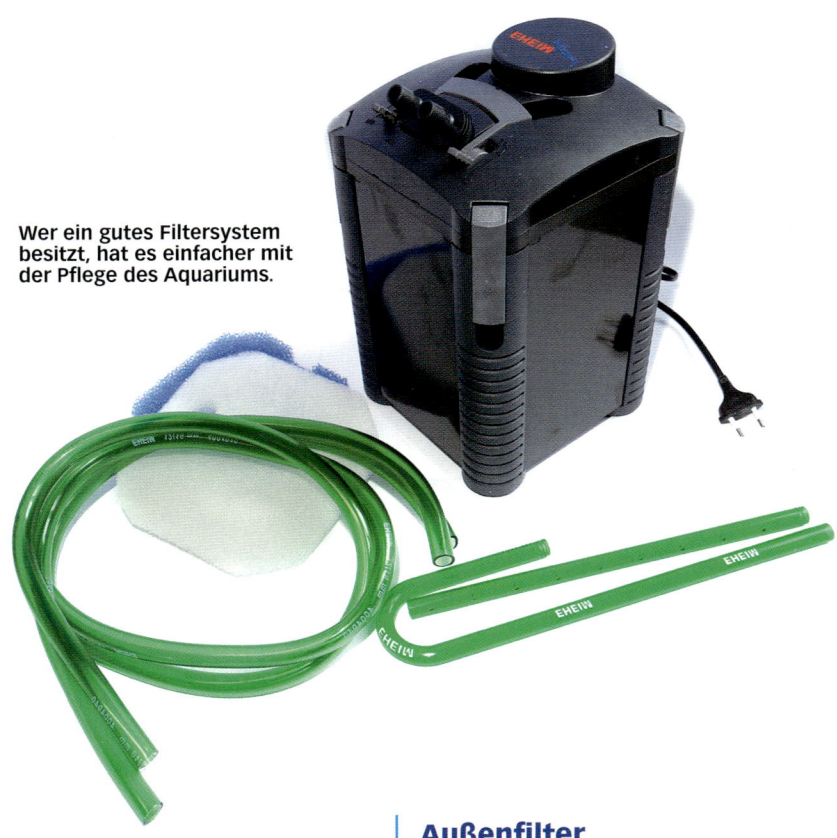

Wer ein gutes Filtersystem
besitzt, hat es einfacher mit
der Pflege des Aquariums.

Innenfilter mit einem Vorfiltereinsatz sind besonders empfehlenswert, weil man den Vorfilter reinigen oder wechseln kann, ohne das eigentliche biologische Filtersubstrat im Hauptfilter aus dem Gleichgewicht zu bringen. Nicht zu empfehlen sind Innenfilter, die mit Luft betrieben werden, weil sie das CO_2, das die Pflanzen zum Wachsen brauchen, austreiben.

Außenfilter

Außenfilter haben meistens einen stärkeren Motor und eignen sich deshalb besonders für größere Aquarien. Bei ihnen befindet sich nur der Zu- und Ablaufschlauch im Inneren des Aquariums, der Filter selbst befindet sich außerhalb. Besonders wichtig ist dabei, dass Sie sich für einen Filter entscheiden, bei dem Sie die Schläuche mit Schlauchschellen sichern können. Am besten besorgen Sie sich Schnelltrennkupplungen mit Absperrhähnen – wenn diese nicht schon in Ihrem Filter eingebaut sind –, damit die Filterreinigung leichter von der Hand geht.

Die meisten Innen- und Außenfilter können Sie schon mit Filtermaterial bestückt kaufen, das für normal besetzte Aquarien geeignet ist. Ist Ihr Filter nicht bestückt, können Sie dies selbst tun. Filter, bei denen das Wasser von unten nach oben durchströmt, werden wie folgt bestückt:

- **Unten:** Keramikröhrchen (ca. ⅓ des Filterinhaltes)
- **Mitte:** Grober Schaumstoff/Mischung aus grober und feiner Filterwatte/ Sinterglas-(Glaskeramik)-Filter (fast der gesamte Rest des Filterinhaltes)
- **Oben:** Dünne Lage feiner Schaumstoff/Wattevlies

Fließt das Wasser von oben nach unten durch den Filter, kommen die Keramikröhrchen zum Schluss in den Filtertopf.

Anderes Filtermaterial als das genannte brauchen Sie nicht für Ihr neues Aquarium, auch nicht Aktivkohle oder Torf. Aktivkohle brauchen Sie vielleicht später mal, wenn Sie z. B. Ihre kranken Fische mit Medikamenten behandeln mussten und die Medikamentenreste aus dem Wasser filtern möchten.

Bei der Filterreinigung gilt grundsätzlich: Lieber einmal weniger reinigen als zu oft! Führen Sie die erste Filterreinigung Ihres neuen Aquariums erst nach vier bis acht Wochen durch. Danach ist die nächste Reinigung grundsätzlich immer erst wieder dann fällig, wenn die Durchflussgeschwindigkeit deutlich gesunken ist. Vermeiden Sie es, bei einer Filterreinigung gleichzeitig einen Wasserwechsel zu machen. Das könnte sich negativ auf das biologische Gleichgewicht auswirken.

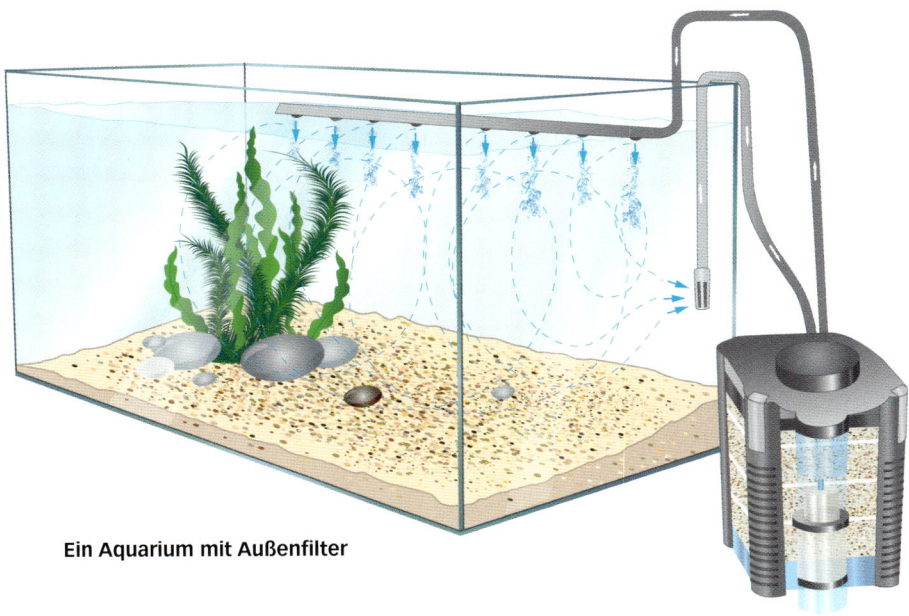

Ein Aquarium mit Außenfilter

Verschiedene Filtermaterialien

Für gute Durchlüftung sorgen

Betreibt man ein Aquarium mit nur wenigen Fischen und dafür vielen Pflanzen, muss man sich um das Thema Durchlüftung keine großen Gedanken machen. Man sollte jedoch stets im Hinterkopf haben, dass zu viel Hitze auch zu Sauerstoffmangel im Becken führen kann. Deshalb ist es ratsam, nachts, wenn die Pflanzen keine Fotosynthese betreiben und Sauerstoff produzieren können, einen luftbetriebenen Ausströmer einzuschalten. Heutzutage sind die Filter meistens mit einem Durchlüfter versehen, der, wenn alle schlafen, für eine kontinuierliche Wasserzirkulation sorgt.

Bei der Reinigung nehmen Sie die Filtermasse aus dem Filter, wie es in der Gebrauchsanweisung beschrieben wird. Die Filtermasse spülen Sie am besten unter temperiertem Aquarienwasser ohne Wasch- oder Reinigungsmittel aus. Leitungswasser können Sie auch verwenden, wenn es lauwarm (25° C) ist. Verwenden Sie auf keinen Fall kaltes oder heißes Wasser und spülen Sie nicht zu gründlich, sonst entfernen Sie die gesamte Bakterienpopulation. Danach bauen Sie den Filter wieder wie vorher zusammen.

Durchlüfterpumpe mit verschiedenen Sprudelsteinen

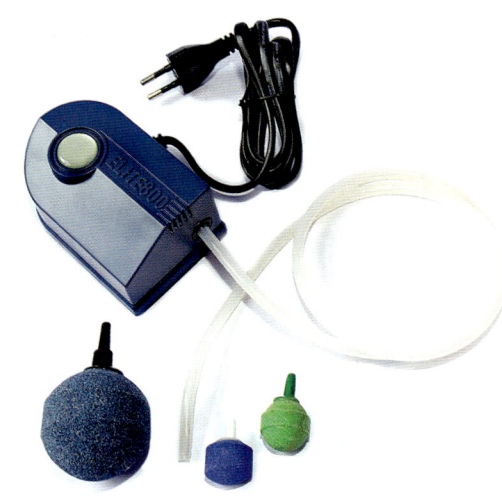

> **Gut zu wissen!**
> Schalten Sie Ihren Aquarienfilter niemals aus, auch nicht im Urlaub. Werden die Bakterien auf dem Filtersubstrat nicht permanent mit Sauerstoff und Nährstoffen versorgt, sterben sie.

Die Beleuchtung

Die Beleuchtung eines Aquariums ist nicht nur dazu da, damit Sie seine Bewohner besser beobachten können. Viel wichtiger ist die Beleuchtung für die Aquarienpflanzen, die das Licht für die Fotosynthese, also zum Leben und Wachsen brauchen. Dabei produzieren sie außerdem den lebenswichtigen Sauerstoff für die tierischen Aquariumsbewohner.

Sie können zwischen Einzelleuchten oder kompletten Abdeckungen mit den verschiedensten Ausstattungen wählen. Am ökonomischsten sind Beleuchtungen und Abdeckungen mit einer oder mehreren integrierten Leuchtstoffröhren, weil diese das meiste Licht pro verbrauchter Energie abgeben.

Leuchtstoffröhren gibt es in den verschiedensten Längen und Lichtfarben. Ihre Pflanzen gedeihen am besten, wenn die künstliche Lichtquelle in Ihrem Aquarium dem Lichtspektrum draußen in der Natur so nahe wie möglich kommt.

Deshalb verwenden Sie am besten Vollspektrumröhren, mit denen sich übrigens auch die Aquarienbewohner in ihrer natürlichen Farbenpracht zeigen und das Algenwachstum gehemmt wird.

Ist in Ihrem Aquarium nur eine Leuchtstoffröhre vorgesehen, installieren Sie eine Sonnenlicht-Vollspektrumröhre für Aquarienpflanzen, weil die Ansprüche der Pflanzen zunächst wichtiger sind als die der Tiere.

Ist in Ihrer Abdeckung Platz für zwei oder mehr Leuchtstoffröhren, ist eine Kombination aus Sonnenlicht-Vollspektrumröhren mit Tageslicht-Vollspektrumröhren für Süßwasseraquarien zu empfehlen. Installieren Sie in diesem Fall die Tageslicht-Vollspektrumröhre als erste hinter der Frontscheibe, damit Ihr Aquarium eine besonders schöne Tiefenwirkung bekommt.

Eine Faustregel besagt: Verwenden Sie pro Liter Wasser 0,4–0,7 Watt. So kann man sich in etwa ausrechnen, wie viele Röhren man in welcher Länge sowie Lichtstärke benötigt.

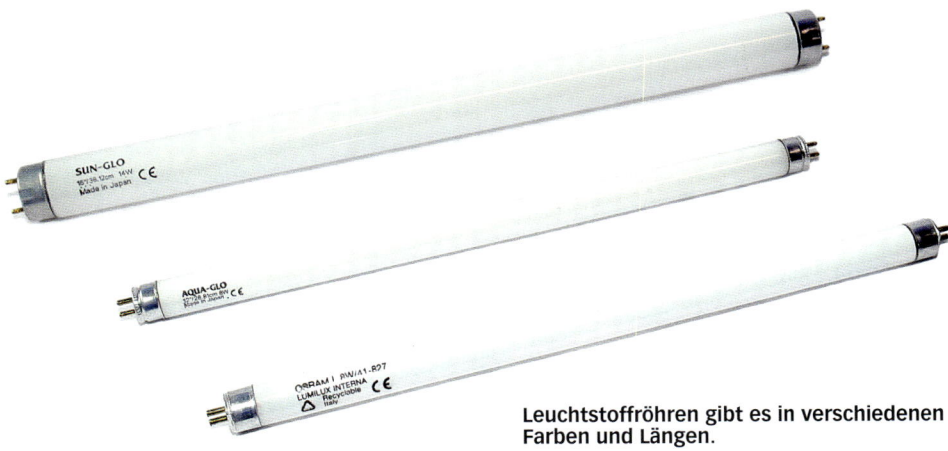

Leuchtstoffröhren gibt es in verschiedenen Farben und Längen.

In dieser Aquarienabdeckung hat nur eine Leuchtstoffröhre Platz.

Die sogenannten HQL-Leuchten werden meistens nur in offenen Becken verwendet, da sie einen Großteil ihrer Energie in Wärme statt in Licht umwandeln. In einem geschlossenen Becken könnte sich das Wasser zu sehr erwärmen, würde man auf HQL-Leuchten zurückgreifen. Diese Leuchten liefern ein relativ warmes Licht, das den Eindruck einer von der Sonne angestrahlten Unterwasserwelt vermittelt.

Auch Röhren, die ein mehr oder weniger rosafarbenes Licht ausstrahlen, sind nicht zu empfehlen, weil dieses Licht das Algenwachstum erwiesenermaßen eher fördert.

Was die Beleuchtungsdauer betrifft, sollten Sie sich nach der Länge eines typischen Tropentags richten. Er unterteilt sich ziemlich genau in 12 Stunden Tag und 12 Stunden Nacht. Durch den flachen Einfallwinkel am Morgen und Abend bekommen die Tiere und Pflanzen unter Wasser aber eher nur 10 Stunden Licht. Beleuchten Sie Ihr Aquarium deshalb am besten 10 bis maximal 12 Stunden pro Tag.

Mit einer Zeitschaltuhr kann man sich das An- und Ausschalten sparen. Zudem bringt sie eine Konstante in die Beleuchtung, die den Fischen unnötigen Stress erspart. Mit einem elektronischen Dimmer können Sie zusätzlich den Sonnenauf- und -untergang nachahmen. Das ist für die Fische besonders angenehm, weil sie sich so langsam an das Licht gewöhnen können und nicht abrupt am Morgen von einem Lichtkegel geweckt werden.

Achtung: Möchte man die Beleuchtungszeit verringern oder verlängern, sollte dies schrittweise, in einem 30-Minuten-Takt, passieren, sodass sich Tiere und Pflanzen sanft an die neuen Bedingungen gewöhnen können.

Der Temperaturregler

Damit sich die Tiere im Wasser wohlfühlen, muss eine konstante Temperatur im Becken herrschen. Tropische Organismen benötigen Temperaturen zwischen 23 und 30° C. Kühlt das Wasser auf unter 20° C ab, sind sie nicht mehr zufrieden. Organismen aus kälteren Gewässern sind kühlere Temperaturen gewohnt und wären deshalb weniger glücklich, müssten sie nun Temperaturen von über 22° C erdulden. Welche Temperatur jeder Wasserbewohner im Einzelnen bevorzugt, können Sie in den Zierfisch-, Garnelen- und Schnecken-Lexika auf den Seiten 68–127 nachlesen.

Um zu vermeiden, dass sich im Becken Wärmezonen bilden, ist es ratsam, die Heizung in Wassereinlaufnähe anzubringen. Durch die so entstehende Wasserbewegung kann sich die Wärme gleichmäßig verteilen.

Drei verschiedene Heizformen haben sich in der Welt der Aquaristik durchgesetzt: Der Heizstab, die Bodenheizung oder Filter mit eingebauter Heizung.

Wer sich für einen Heizstab entscheidet, sollte einen mit Kontaktthermometer wählen. So reicht es, die Temperatur einmal einzustellen, anstatt sie permanent zu überwachen und nachjustieren zu müssen. Stabheizungen befestigt man mit Saugnäpfen an der Wand des Aquariums.

Eine Stabheizung lässt sich ganz einfach mit einem oder zwei Saugnäpfen an der Beckenwand befestigen.

Die Bodenheizung hingegen wird unter dem Bodensubstrat verlegt. Sie hat den großen Vorteil, dass das Wasser gleichmäßig erwärmt wird. Vor allem Pflanzen freuen sich über die Wärme von unten, da sie sich positiv auf die Wurzelbildung auswirkt.

Heiz-Filter-Systeme filtern und wärmen in einem Zug: Während der Filter das Wasser „siebt", führt die Heizung ihm die entsprechende Wärme zu. Der Nachteil macht sich jedoch dann bemerkbar, wenn das Gerät mal defekt sein sollte: Es muss komplett entsorgt werden, und so steht man plötzlich sowohl ohne Filter als auch ohne Heizung da.

Egal für welche Heizung Sie sich entscheiden, zur Sicherheit sollten Sie auf jeden Fall noch ein Aquarienthermometer ins Becken hängen, um die Temperatur regelmäßig kontrollieren zu können.

Tipp – Der Umwelt zuliebe
Heizungen verbrauchen leider viel Strom. Wenn man jedoch den Boden und die Rückseite des Beckens isoliert, kann die Wärme nicht so schnell entweichen und Sie müssen nicht so stark heizen. Styroporplatten eignen sich hervorragend dafür, das Becken zu isolieren.

Das Wasser

„Sich so wohl wie ein Fisch im Wasser fühlen" ist eine häufig verwendete Redewendung. Ohne Wasser kann ein Fisch nicht leben, doch Wasser ist nicht gleich Wasser. Allein im Amazonas liegen mehr als 400 verschiedene Wasserwerte vor! Leitungswasser beispielsweise kann schädliche Stoffe wie Chlor, Kupfer oder Zinn enthalten. Auch im Bachquellwasser können Giftstoffe vorkommen, die durch Umwelteinflüsse in den Grundboden gelangen und zu den Quellen oder Bächen transportiert werden. Regenwasser kann ebenso Schadstoffe enthalten wie Abgase.

Den Aquariumbewohnern eine hochwertige Wasserqualität bieten zu können, ist wohl die größte Herausforderung bei der Vorbereitung und auch bei der Pflege des Aquariums. Wasser dient den Fischen, Garnelen usw. nicht nur dazu, ihren Durst zu stillen, sondern es ist gleichzeitig auch ihr Lebensraum. Um die Verwendung von Hilfsmitteln wie Ionenaustauschern, Wasseraufbereitungsgeräten oder -mitteln kommt man deshalb kaum herum. Sie können Ihren Teil dazu beitragen, die Wasserqualität zu verbessern und somit auch das biologische Gleichgewicht zu fördern.

Folgende Faktoren beeinflussen die Wasserqualität: die Stickstoffkonzentration (Ammoniak, Nitrit, Nitrat), die Gesamthärte (GH-Wert), die Karbonathärte (KH-Wert), der pH-Wert, die Kohlendioxidkonzentration (CO_2) sowie der Sauerstoffgehalt (O_2).

Hilfsmittel

- **Der Ionenaustauch:** Harze können das Salz im Wasser lösen – entweder nur teilweise oder auch voll und ganz. Werden dem Wasser Salze durch die Zugabe von Harzen (Katioden) nur teilweise entzogen, sinken der pH-, GH- sowie KH-Wert. Das neu aufbereitete Wasser wird danach mit Leitungswasser und Wasseraufbereitungsmitteln vermischt. Ein Ionenaustauscher (Kationen- oder Anionenaustauscher), den man im Fachhandel erwerben kann, kann hier hilfreich sein.
- **Osmoseanlagen:** Die Osmoseanlage ist ein Wasseraufbereitungsgerät, mit dessen Hilfe sich die Wasserwerte exakt bestimmen und anpassen lassen. Doch leider ist die Anschaffung recht teuer.
- **Wasseraufbereitungsmittel:** Diese Mittel sorgen dafür, dass im Wasser vorkommende Schwermetalle sofort neutralisiert und Chlor restlos eliminiert wird. Zudem versorgt es das Wasser zusätzlich mit Magnesium und Jod.

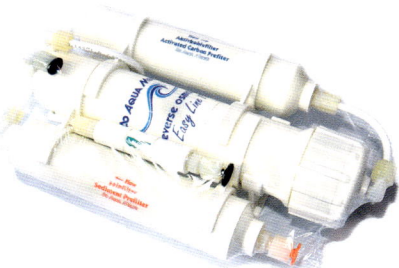

Oft ist es sinnvoll, Hilfsmittel zur Wasseraufbereitung einzusetzen, wie beispielsweise eine Osmoseanlage.

Stickstoffkonzentration

Durch Pflanzen- und Futterreste sowie durch die Ausscheidungen der Tiere gelangen Stickstoffverbindungen ins Aquarienwasser, die zum Teil sehr giftig sind, ganz besonders Ammoniak und Nitrit.

Schon wenn die Ammoniak- oder Nitritkonzentration im Becken über einen längeren Zeitraum hinweg nur leicht erhöht ist, kann es für manche Fische gefährlich, wenn nicht sogar lebensbedrohlich werden.

Normalerweise schaffen es die Bakterien im Filter ohne Probleme, die giftigen Verbindungen zu ungiftigen abzubauen. Problematisch wird es aber, wenn das biologische Gleichgewicht kippt, sodass die Bakterienpopulation mit der Menge an Ammoniak oder Nitrit im Wasser nicht mehr fertig wird. Das kann verschiedene Ursachen haben:

- Sie haben einen Überbesatz an Fischen.
- Sie haben zu viel Futter ins Aquarium gegeben.
- Der Filter funktioniert nicht reibungslos oder reicht für die Größe Ihres Beckens nicht aus.
- Das Aquarium braucht dringend einen Teilwasserwechsel.
- Die Sauerstoffzufuhr reicht nicht aus.

Wenn Sie also einen erhöhten Ammoniak- oder Nitritwert im Becken messen (hierzu gibt es praktische Teststreifen und -flüssigkeiten, die Sie in jedem Fachhandel kaufen können), müssen Sie umgehend herausfinden, was der Grund dafür ist, und diesen beseitigen.

Was Sie in diesem Zusammenhang auch noch wissen müssen ist, dass die Filterbakterien das Ammoniak und Nitrit zu dem Endprodukt Nitrat abbauen. Das ist zwar harmlos und hat in seiner Eigenschaft als Pflanzennährstoff auch den Vorteil, dass es gut für Ihre Aquarienpflanzen ist. Die andere Seite der Medaille ist aber, dass es dadurch natürlich auch das Algenwachstum fördert.

Die Gesamthärte (GH-Wert)

Salze, vor allem Kalzium- und Magnesiumsalze, bestimmen im Wesentlichen den GH-Wert. Ist der Anteil dieser Salze groß, spricht man von hartem Wasser. Ist er sehr niedrig, bezeichnet man das Wasser als weich. Der GH-Wert hat einen großen Einfluss auf die Gesundheit der Wasserbewohner: Sowohl ihre Kondition, Krankheitsanfälligkeit und ihre Nerven- sowie Enzymaktivität als auch ihre Fortpflanzungsbereitschaft hängen stark vom GH-Wert ab. Dabei stellt jede Tierart ihre individuelle Anforderung an die Gesamthärte des Wassers. Näheres dazu erfahren Sie in den Zierfisch-, Garnelen- und Schnecken-Lexika ab Seite 68.

Der GH-Wert lässt sich mithilfe von Testsets bestimmen, die leicht zu handhaben sind. Durch Zugabe von Wasser aus Osmose- oder Vollentsalzungsanlagen lässt sich der Wert senken.

Die Karbonathärte (KH-Wert)

Wasser enthält nicht nur Kalzium- und Magnesiumsalze, sondern noch weitere Salzbestandteile, so zum Beispiel Bikarbonat. Der Anteil von Bikarbonat im Wasser wird durch den KH-Wert angezeigt. Dieser hat einen wichtigen Einfluss auf den pH-Wert: Bikarbonat wirkt als „Puffer" für den pH-Wert und sorgt dafür, dass er sich nicht allzu sehr verändert, was wiederum den Aquarienbewohnern schaden könnte.

Den KH-Wert kann man durch CO_2 oder Säuren verändern. Er sollte zwischen 3 dH und 10 dH liegen.

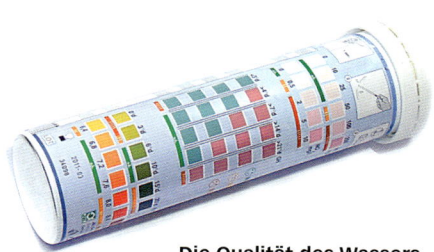

Die Qualität des Wassers lässt sich ganz einfach mit Teststreifen überprüfen.

Gesamthärte

Als °dGH bezeichnet man den Grad deutscher Härte:

0–4 °dGH	⟶ sehr weiches Wasser
5–8 °dGH	⟶ weiches Wasser
9–14 °dGH	⟶ mittelhartes Wasser
15–20 °dGH	⟶ hartes Wasser
ab 21 °dGH	⟶ sehr hartes Wasser

Der pH-Wert

Der pH-Wert gibt an, ob das Wasser neutral, sauer oder alkalisch reagiert. Als neutraler Wert gilt 7,0 – Säuren und alkalische Komponenten befinden sich im Gleichgewicht. Sind mehr Säuren als alkalische Komponenten vorhanden, sinkt der pH-Wert. Liegt der Wert unter 7, spricht man von saurem Wasser. Ist der Anteil der Säuren geringer als der der alkalischen Komponenten im Wasser, steigt der pH-Wert. Bei einem Wert über 7 ist von alkalischem – oder auch basischem – Wasser die Rede.

Sowohl Tiere als auch Pflanzen reagieren sehr empfindlich auf eine starke Veränderung des pH-Werts. Deshalb sollte er mindestens einmal in der Woche überprüft werden. Auch hierzu werden im Fachhandel Teststreifen angeboten, die leicht in der Handhabung und recht günstig sind. Die etwas kostenaufwendigere Variante ist ein elektronisches Messgerät, das jedoch sehr präzise Ergebnisse liefert. Fast alle Süßwasseraquarien-Tiere fühlen sich bei

einem pH-Wert zwischen 6,5 und 8,0 wohl. In den Zierfisch-, Garnelen- und Schnecken-Lexika ab Seite 68 finden Sie jedoch die exakten pH-Werte, die man je nach Tierart berücksichtigen sollte.

Elektronische Messgeräte haben den Vorteil, dass ihre Ergebnisse sehr präzise sind.

● **Den pH-Wert beeinflussen**
Der pH-Wert ist zu niedrig:
Eine Erhöhung lässt sich erreichen durch:
• langsames Hinzufügen von Natriumkarbonat
• Austreiben von CO_2 durch Belüftung des Wassers mit einer Durchlüfterpumpe
• den Zusatz von Wasseraufbereitungsmitteln.

Der pH-Wert ist zu hoch:
Eine Senkung lässt sich erreichen durch:
• Filterung des Wassers über Torf
• Einströmen von CO_2
• den Zusatz von Wasseraufbereitungsmitteln.

Genauer, aber auch teurer, sind Testflüssigkeiten, mit deren Hilfe sich die einzelnen Wasserwerte im Einzelnen bestimmen lassen.

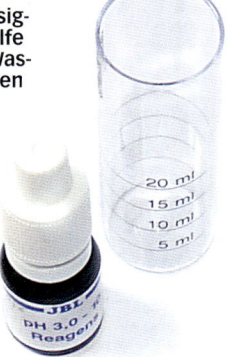

Die Kohlendioxidkonzentration (CO_2)

Für die Wasserpflanzen stellt Kohlendioxid eine wichtige Grundlage für Ernährung und Wachstum dar. Für die Tiere ist ein zu hoher Wert der Kohlendioxidkonzentration auf Dauer sogar lebensbedrohlich! Sie selbst produzieren CO_2 und geben es über die Kiemen durch die Atmung ab. Ist der CO_2-Gehalt des Wassers zu hoch, bekommen die Wasserbewohner Schwierigkeiten, ihr selbst produziertes CO_2 abzugeben. Folge: Der CO_2-Gehalt im Blut der Tiere nimmt zu.

Die optimale Dauerkonzentration im Aquarium liegt bei 5–25 mg/l. Der Wert lässt sich durch eine Zugabe von CO_2 aus Druckflaschen oder Bio-CO_2-Anlagen erhöhen. Soll der Wert verringert werden, muss das Wasser gut durchgelüftet werden.

Der Sauerstoffgehalt (O_2)

Sauerstoff benötigen die Aquariumbewohner zum Leben! Gerade deshalb ist die Anwesenheit von Pflanzen auch so wichtig, weil sie am Tag Kohlendioxid aufnehmen und durch die Fotosynthese Sauerstoff produzieren und abgeben. Die Fische nehmen den Sauerstoff dankbar zum Atmen auf. Auch von den für das Aquarium wichtigen Bakterien wird Sauerstoff benötigt. In der Nacht wiederum brauchen auch die Pflanzen Sauerstoff. Sie nehmen ihn also auf, während sie Kohlendioxid abgeben. Am Morgen ist deshalb der Sauerstoffgehalt meist geringer als am Abend.

Die Amazonasschwertpflanze ist ein guter Sauerstoffspender (s. S. 131).

Die maximale Sauerstoffaufnahme-fähigkeit des Wassers nennt man Sätti-gungskonzentration. Sie hängt sowohl von der Wassertemperatur als auch vom Salzgehalt des Wassers ab. Die Sät-tigungskonzentration, die in mg/l ange-geben wird, sollte die folgenden Werte nicht um mehr als 20 % unterschreiten:

Grad Celsius	Maximale Sättigung (100 %)
15° C	10,6 mg/l
20° C	9,1 mg/l
25° C	8,3 mg/l
30° C	7,6 mg/l
35° C	6,9 mg/l

Zu Sauerstoffmangel kann es kom-men, wenn sich zu viele Fische im Aqua-rienbecken tummeln, zu viele Futter-reste im Wasser schwimmen oder die Filter schlecht gereinigt wurden. Maß-nahmen, die schnellstens ergriffen wer-den sollten, sind:
• für eine gute Belüftung sorgen
• gegebenenfalls Fische aus dem Becken entfernen
• einen Teilwasserwechsel durchführen
• den Filter sorgfältig reinigen
• gegebenenfalls mehr Pflanzen ins Becken setzen und für eine geeigne-te Beleuchtung sorgen.

Der Bodengrund

Der Bodengrund kann sowohl aus Sand als auch aus Kies bestehen. Fische, die gerne am Boden gründeln, werden einen Sandboden begrüßen. Man be-kommt ihn am günstigsten im Baustoff-fachhandel: Quarzsand mit möglichst enger Sieblinie, frei von Zusatzstoffen. Wer sich für einen Kiesboden entschei-det, sollte feinen Kies mit 2–3 mm Durch-messer im Aquarienfachhandel kaufen.

Nützliches Zubehör

Langjährige Aquarienfreunde haben die Erfahrung gemacht, dass man natürlich nicht immer alles kaufen muss, was im Fachhandel angeboten wird, es aber doch eine ganze Reihe an nützlichem Zubehör gibt. Mit der Zeit wird man merken, dass es sich lohnt, dafür noch einige Euro mehr auszugeben und für den Fall der Fälle alles bereits zu Hause liegen zu haben. Denn fängt man erst an, nach einem sauberen Eimer zu suchen, wenn ein Wasserwechsel ansteht, wird man sich spätestens dann fragen, warum man nicht schon eher einen besorgt hat.

Verschiedene Bodengründe aus dem Baumarkt oder Fachhandel

Dass es ohne Kescher nicht geht, wird man beim Einsetzen der Fische bemerken.

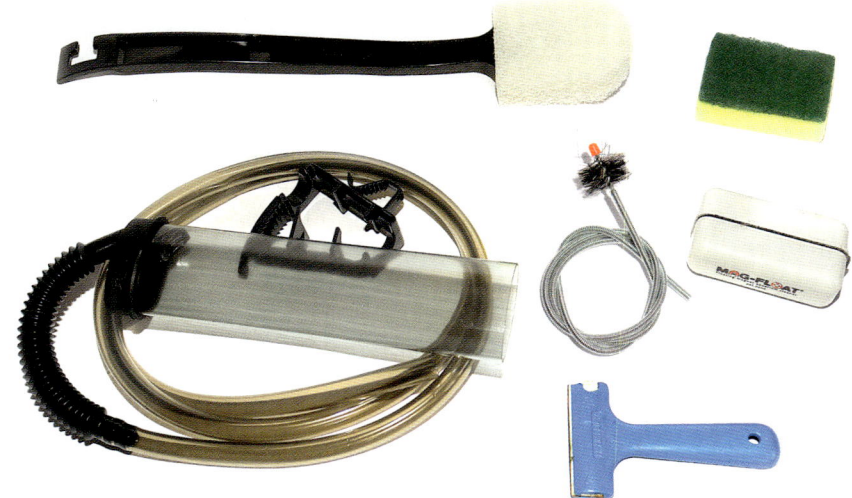

Eine Übersicht von nützlichem Zubehör

- **Für die laufende Pflege:**
- Pipette oder Spritze, um Wasserproben entnehmen zu können (falls sie nicht bei den Wassertests schon dabei sind).
- ein kleines Quarantänebecken inklusive Filter und Heizung, falls es erforderlich sein sollte, kranke Tiere von den gesunden zu trennen.
- Zeitschaltuhren sind sehr praktisch, um beispielsweise die Lichtversorgung dadurch zu steuern.
- Mit einer Mehrfachsteckdose lassen sich mehrere technische Geräte über eine Stromquelle versorgen.
- Sollte der Filter mal ausfallen, kann eine Durchlüfterpumpe kurzfristig eine gute Hilfe sein (mit Sprudelstein und Rückflussverhinderer).
- Außerdem sollte man zur Hand haben: Ersatzthermometer und Filtermaterial.

Zur Reinigung des Beckens und der Scheiben haben sich auch Utensilien aus dem Haushalt bewährt. Diese sollten aber dann nur für die Aquariumpflege benutzt werden.

- **Für Wasserwechsel und Beckenreinigung:**
- Einen sauberen Eimer, eine Gießkanne und einen Aquarienschlauch, die nur im Rahmen des Aquariums zum Einsatz kommen. Das Zubehör sollte nie für andere Zwecke verwendet werden, um zu verhindern, dass es mit Putzmitteln, Chemikalien oder Ähnlichem in Berührung kommt.
- eine Mulmglocke
- einen Kescher
- einen Scheibenmagneten, Fensterleder, Filterwatte, Aquarienschwamm oder Kunststoffspachtel zum Reinigen der Scheiben
- eine Pflanzenzange
- eine weiche Aquarienbürste zur Reinigung von veralgten Dekorationsgegenständen

Das Becken einrichten

Hat man alles Nötige besorgt, kann das Aquarium eingerichtet und dann im nächsten Schritt in Betrieb genommen werden.

Die Einrichtung lässt sich in sechs Schritte gliedern:

● **Unterlage**

Vergewissern Sie sich, dass das Becken stabil auf einer Schaumstoff-, Styropor- oder Polysoftunterlage steht. Wo das Becken am besten platziert wird, haben Sie bereits im ersten Kapitel erfahren. Steht das Aquarium an dem dafür vorgesehenen Ort, waschen Sie es mit handwarmem Leitungswasser – ohne Reinigungsmittel – aus.

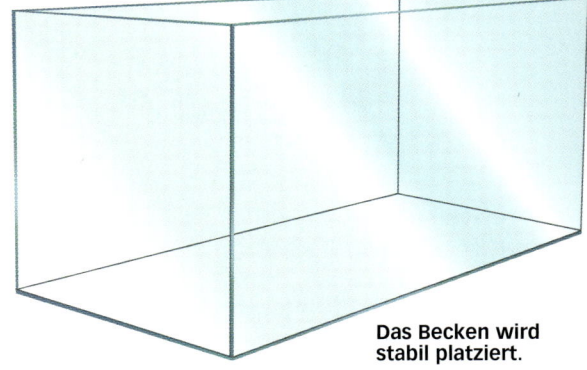

Das Becken wird stabil platziert.

● **Bodengrund**

Wenn Sie Ihren Aquariumpflanzen etwas Gutes tun wollen, können Sie, bevor Sie den Bodengrund in das Becken füllen, eine Schicht Nährbodenmischung auslegen. Diese Mischungen erhalten Sie in jedem Fachhandel. Dann befüllen Sie das Becken mit dem Bodengrund, der vorher mindestens einmal gewaschen oder ausgespült werden sollte. Der Bodengrund sollte ca. 6–8 cm hoch sein. Dabei muss der Sand oder Kies nicht gleichmäßig verteilt werden – es kann auch ein leichtes Gefälle, das von vorne nach hinten ansteigt, angelegt werden.

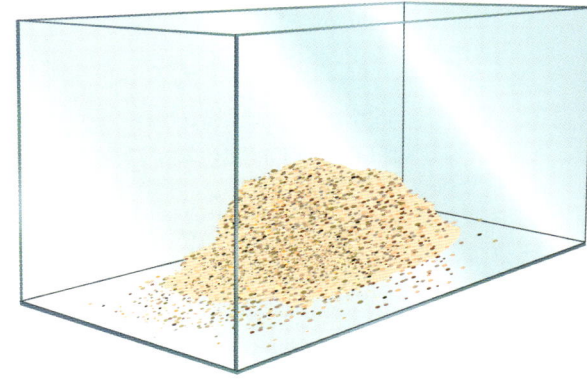

Nun wird der Bodengrund ausgelegt.

● Technik

Heizer, Thermometer und Filter können jetzt im Becken platziert werden. Warten Sie jedoch bitte noch damit, die Stecker in die Steckdose zu stecken.

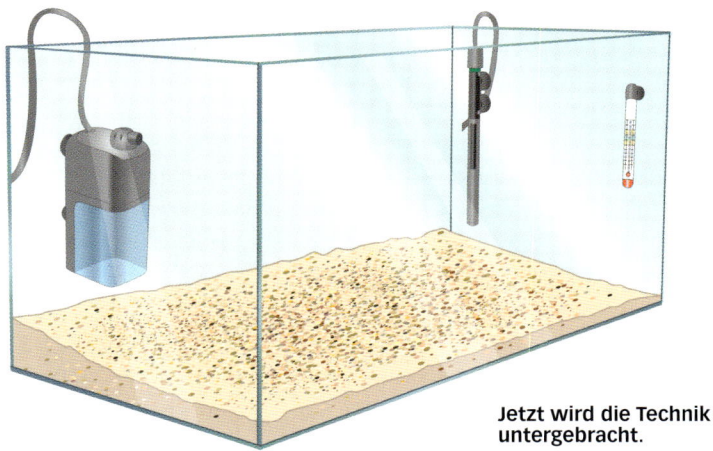

Jetzt wird die Technik untergebracht.

● Dekoration

Jetzt können Sie das Becken nach Herzenslust dekorieren. Zur Dekoration eignen sich besonders gut kalk- und schwermetallfreie Steine, Wurzeln, Höhlen und Vieles mehr.

Dann kommt die Dekoration ins Spiel.

● Wasser

Nun kann das Becken mit temperiertem Leitungswasser (25°C) befüllt werden. Achten Sie dabei darauf, dass der Bodengrund nicht zu sehr aufwühlt. Das lässt sich beispielsweise umgehen, wenn man einen flachen Teller ins Becken legt und das Wasser direkt auf dem Teller landet. Am besten lässt sich das Becken mit einem Wasserschlauch befüllen.

Ein Tipp: Wenn Sie beim Einsetzen der Pflanzen nicht mit dem ganzen Arm im Wasser stecken möchten, füllen Sie das Becken vorerst nur halb voll. Wurden alle Pflanzen gesetzt, kann der Rest nachgefüllt werden.

Ganz zum Schluss, wenn das gesamte Wasser im Becken ist, fügen Sie ein im Zoohandel erhältliches Wasseraufbereitungsmittel hinzu. Es bereitet das auf uns Menschen abgestimmte Leitungswasser aquariengerecht auf, bindet im Wasser gelöstes Chlor und Schwermetalle.

Das Wasser sollte sachte im Becken landen, damit der Bodengrund nicht aufgewühlt wird.

● Pflanzen

Zuerst müssen die Wurzeln der Pflanzen
von den Wurzelträgern gelöst werden.
Achten Sie darauf, dass die Wurzeln dabei
nicht beschädigt werden. Fangen Sie mit
den vorderen Pflanzen an und arbeiten Sie
sich nach hinten durch. Detaillierte Informationen zum Einsetzen und Pflegen der
Pflanzen finden Sie im Kapitel „Botanik
unter Wasser".

Ist das Becken vollständig eingerichtet,
sollte man es in Ruhe mit etwas Abstand
betrachten. Entspricht es optisch nicht
den Erwartungen, kann natürlich immer
noch Einiges hin- und herbewegt werden.
Dabei ist jedoch immer darauf zu achten,
dass die Pflanzen nicht beschädigt werden!

**Schritt für Schritt werden erst vorne und
dann hinten die Pflanzen eingesetzt.**

Das Aquarium in Betrieb nehmen

Zuerst werden die Stecker der technischen Geräte wie Heizung und Filter in die Steckdose gesteckt. Im Folgenden sollte das Aquarium dann so behandelt werden, als wären schon tierische Bewohner eingezogen. Das heißt, dass das Wasser bereits beheizt werden sollte, der Filter sowie die Beleuchtung in Betrieb genommen werden sowie auch schon Futter in das Becken gegeben werden sollte. Alle zwei Tage können zwei bis drei Flocken vom Flockenfutter in das Wasser geworfen werden, damit die Bakterien Nahrung bekommen und wachsen können. Einmal in der Woche sollte ein Wasserwechsel von rund 30 % vorgenommen werden.

Es ist ganz normal, dass das Wasser vorerst trüb ist. Die Trübung wird mit der Zeit von allein wieder zurückgehen. Genauso kann sich an den Scheiben ein weißer Film bilden – er besteht aus den Bakterienkulturen. Mikroorganismen können auch an der Wasseroberfläche einen Film bilden, der sich Kahmhaut nennt. Durch den Wasserwechsel wird dieser Film aber wieder verschwinden.

Bevor die tierischen Bewohner in das Becken ziehen, sollten mindestens zwei – besser noch drei bis vier Wochen – ins Land gehen. Der Grund: Das Wasser braucht Zeit, um zu Aquariumwasser zu werden. Dazu muss es eine Bakterienkultur aufbauen, die dazu dient, den Nitritwert so weit zu senken, dass er für die Tiere nicht mehr gefährlich ist.

Im Fachhandel kann man sogenannte Biostarter erwerben, welche die Wartezeit verkürzen können. Sie bestehen aus Mikroorganismen, die sich im Becken schnell vermehren. Doch in der Praxis hat sich gezeigt, dass sich Geduld bezahlt macht. Es geht auch ohne diese Hilfe.

In einem gut durchdachten und artgerecht eingerichteten Aquarium fühlen sich die Tiere und Pflanzen wohl.

Das Einsetzen der Bewohner

Ist es dann endlich so weit, dass das Aquarium „bezugsfertig", man sagt auch „eingefahren", ist und Sie Ihre neuen Aquarienbewohner nach Hause holen können, ist es besser, wenn Sie nicht alle geplanten Tiere auf einmal holen. So vermeiden Sie einen gefährlichen Anstieg des Nitritgehalts im Wasser.

Wenn Sie die Tiere nach Hause bringen, sollten Sie darauf achten, diese nicht zu lange im Transportbeutel herumzutragen. Falls Sie eine längere Anfahrt haben sollten, müssen Sie sicherstellen, dass sich ausreichend Luft im Transportbeutel befindet, damit die Tiere nicht an Sauerstoffmangel leiden.

Dann geht es an das Einsetzen Ihrer neuen Haustiere in das Becken. Dabei sollten Sie wie folgt vorgehen, damit die Tiere nicht unnötig gestresst werden:

- Als ersten Schritt legen Sie den noch verschlossenen Transportbeutel bis zu 20 Minuten lang in das Aquarium, damit ein Temperaturausgleich zwischen Transport- und Aquarienwasser stattfinden kann.

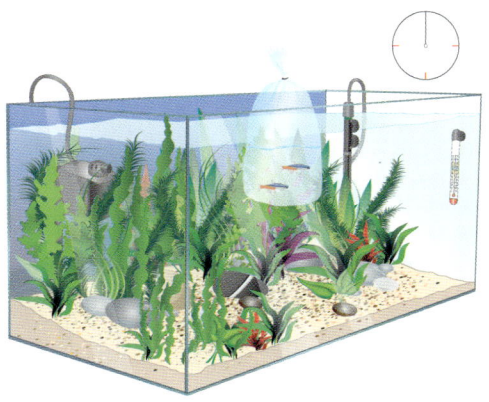

- Anschließend öffnen Sie den Beutel und geben nach und nach Wasser aus dem Aquarium hinein. Dadurch gleichen sich die übrigen Wasserwerte an.

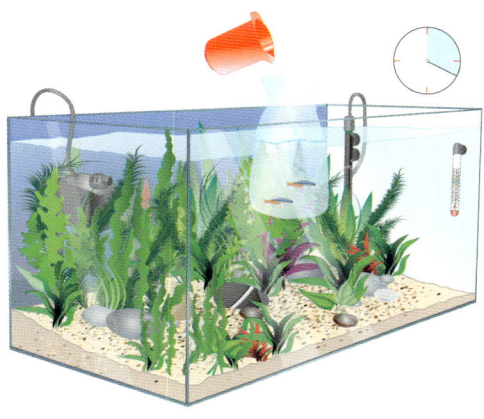

- Jetzt können Sie die Fische mithilfe eines Keschers aus dem Beutel in das Aquarium entlassen. Das Transportwasser schütten Sie weg.

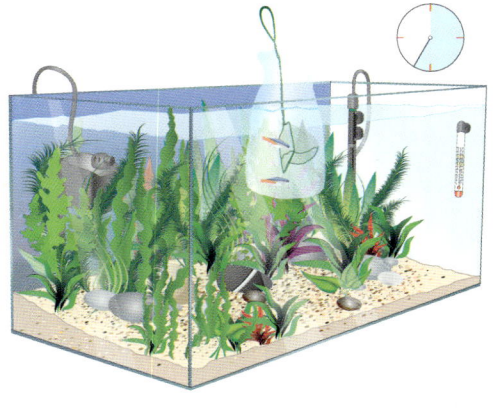

Auch wenn Sie später weitere Fische einsetzen, sollten Sie vermeiden, das Transportwasser in das Aquarium zu geben, damit Sie sich keine Krankheiten einschleppen. Setzen Sie auch diese Tiere am besten mithilfe eines Keschers ins Becken um.

Gut zu wissen!
Fische mit Hartflossen, wie z.B. Antennenwelse, können sich in den Maschen des Keschers verfangen. Ist dies der Fall, hängen sie das Tier mit dem Kescher so lange ins Wasser, bis es sich selbst befreit hat.

Das fertig eingerichtete und eingefahrene Aquarium mit seinen neuen Bewohnern

Beliebte Fischarten

Hier finden Sie auf einen Blick vier der beliebtesten und bekanntesten Zierfischarten, die sich auch bestens für Aquaristik-Einsteiger eignen. Eine viel größere Auswahl finden Sie natürlich im Zierfisch-Lexikon ab Seite 68.

❶ Guppy
Die Guppys sind ideale Fische für Aquaristik-Anfänger, weil sie sehr vermehrungsfreudig sind. Als lebendgebärende Fischart bringen sie voll entwickelte Jungfische zur Welt, was immer wieder

faszinierend zu beobachten ist. Die geselligen Tiere sind sehr umtriebig und machen ein Aquarium lebendig und bunt. Mehr Informationen zum Guppy finden Sie auf Seite 103.

❷ Neonsalmler

Neonsalmler gehören zu den schönsten und meist verkauftesten Aquarienfischen. Mit ihren leuchtend roten und neonblauen Färbungen sorgen sie für ein schillerndes Farbenspiel. Sie sind friedliche Fische, die sich gerne im Schwarm durch das ganze Becken bewegen. Mehr Informationen zu den Neonsalmlern finden Sie ab Seite 87.

❸ Sumatrabarbe

Die Sumatrabarbe ist ein Schwarmfisch aus Südostasien. In der Aquaristik ist sie sehr beliebt, weil sie ein besonders farbenfroher und lebhafter Fisch mit einem regen Spieltrieb ist. Mehr Informationen zur Sumatrabarbe finden Sie auf Seite 82.

❹ Panzerwelse

Panzerwelse sind friedliche Schwarmfische, die in ganz Südamerika verbreitet sind. Ihr interessantes Verhalten, mit ihren für Welse typischen Barteln den Bodengrund abzutasten und unermüdlich nach Futter zu suchen, macht sie zu faszinierenden Aquariumfischen. Mehr Informationen zu den Panzerwelsen finden Sie ab Seite 95.

Bunter Prachtkärpfling „Kap Lopez-Gold"
Aphyosemion australe hjerresensii

Ein Aquarium will gepflegt werden

Pflege macht Spaß

Damit das biologische Gleichgewicht im Becken beständig bleibt, muss man Zeit investieren. Ein Mindestmaß an Pflege sollte eingehalten werden, sonst wird man nicht lange Freude an dem bunten Treiben im Becken haben. Doch keine Angst – was vielleicht auf den ersten Blick viel Arbeit zu sein scheint, wird mit der Zeit zur Routine und kann schnell erledigt werden. Außerdem macht die Arbeit am Aquarium auch Spaß. Das Füttern beispielsweise sollte man nicht nur als Pflicht, sondern auch als Moment der Freude empfinden. Und wenn man stets behaupten kann, dass das eigene Becken intakt ist und man sieht, dass sich die Tiere und Pflanzen darin wohlfühlen, kann man zu Recht stolz darauf sein.

Regelmäßige Pflegemaßnahmen

- **Tag für Tag ...**

... sollten folgende Dinge erledigt werden:
- Temperatur überprüfen
- Funktionstüchtigkeit aller technischen Geräte checken
- Filterdurchfluss kontrollieren
- einen prüfenden Blick auf die Pflanzen werfen
- die Tiere mit Futter versorgen und sich vergewissern, dass sie gesund sind
- in den Wintermonaten den Raum, in dem sich das Aquarium befindet, fünf bis zehn Minuten durchlüften.

- **Woche für Woche ...**

... sollten folgende Dinge erledigt werden:
- Teilwasserwechsel: Ein Drittel des Aquariumwassers wird mit einem Schlauch abgesaugt. Stellen Sie einen Eimer so vor das Aquarium, dass er unterhalb des Wasserstands im Becken steht. Saugen Sie nun das Wasser durch den Schlauch kurz an. Es fließt dann automatisch in den Eimer. Anschließend das abgelassene Wasser mit frischem temperiertem Wasser auffüllen. Bei Bedarf Pflanzendünger hinzugeben.

Ablassen des Wassers über einen Schlauch

- Pflanzenpflege: Abgestorbene Pflanzen sollten entfernt und üppig wuchernde Pflanzen ausgedünnt werden. Wurzeln, die sich gelöst haben, müssen neu eingepflanzt werden. Stark veraltge Blätter sind aus dem Becken zu entfernen.
- Reinigung der Scheiben: mit einem Algenmagnet oder Aquariumschwamm. Die Algen der hinteren Scheibe sollten nicht entfernt werden. Sie bilden eine Grundlage für die Mikroorganismen und dienen als Nahrungsquelle für die algenfressenden Bewohner. Die Deckscheibe sowie den oberen Beckenrand sollte man außerdem mit Zitronen- oder Huminsäure säubern und anschließend alle Säurenreste gründlich abwischen.

Das Bodensubstrat muss jeden Monat gesäubert werden.

• Wasserwerte mittels Testtröpfchen oder -stäbchen ermitteln und gegebenenfalls optimieren. Karbonathärte, pH-Wert, Eisen- und Sauerstoffgehalt möglichst immer zur gleichen Tageszeit checken. So ist ein exakter wöchentlicher Vergleich möglich.

● Monat für Monat …

… sollten folgende Dinge erledigt werden:
• Filterreinigung: Ist die Durchlaufgeschwindigkeit stark herabgesetzt, sollte der Filter gereinigt oder das Filtermaterial bei Bedarf erneuert werden.
• Bodensubstrat säubern: Mithilfe einer Mulmglocke lässt sich das Bodensubstrat schonend säubern. Der Mulm sollte vorsichtig abgesaugt werden, damit nicht der gesamte Nährboden mit eingesaugt wird.

Tipp: Mit dem Zeigefinger lassen sich kleine Löcher in den Bodengrund bohren. So wird der Boden gelockert und das Wasser kann besser im Bodensubstrat zirkulieren. Dies dient zur Vorbeugung einer Faulschlammbildung.
• Werte kontrollieren: Die Sauerstoff- und CO_2-Sättigung sowie der Nitratgehalt sollten überprüft und bei Bedarf optimiert werden.

● Außerdem …

… sollte man folgende Arbeiten in größeren Abständen verrichten:
• Alle drei Monate: Reinigung des Pumpenkopfs und der Zuleitungsschläuche des Filters
• Alle acht bis zehn Monate: Austausch der Leuchtstoffröhren
• Einmal im Jahr: Auffrischung der Bodengrunddüngung mit Düngekugeln.

Gut zu wissen!

- Vermeiden Sie jeden unnötigen Eingriff in das Aquarium, weil dadurch das biologische Gleichgewicht gestört werden kann!
- Beim Arbeiten im Aquarium sollte man unnötiges und hektisches Herumhantieren vermeiden, um die Fische nicht zu stressen.
- Bevor man in das Becken greift, sollte man sich die Hände waschen und dabei darauf achten, dass alle Seifenreste entfernt werden. Es ist sinnvoll, die Heizung zu Ihrer eigenen Sicherheit vom Stromnetz zu trennen, während man im Aquarium hantiert.
- Raumspray, Insektenspray, Glasreiniger und dergleichen haben in der Nähe des Aquariums nichts zu suchen!
- Wasseraufbereiter, Medikamente und Ähnliches immer genau nach Packungsanweisung verwenden.

Ein Urlaub steht an!

Ein frisch besetztes Becken sollte man vorerst nicht sich selbst überlassen. Der Urlaub sollte deshalb so geplant werden, dass er erst nach mindestens drei Monaten nach dem Einsetzen der Fische ansteht. Bis dahin sollte sich das biologische Gleichgewicht im Becken stabilisiert haben.

Bis zu acht Tage kommen Fische – mit Ausnahme der Jungfische! – in der Regel ohne Futter aus. Mit einem Futterautomaten kann man jedoch sichergehen, dass sie regelmäßig mit Essbarem versorgt werden. Im Idealfall bekommt man das Angebot einer Vertrauensperson, sich um das Aquarium zu kümmern, das heißt, die Fütterung vorzunehmen und die täglichen Arbeiten

Werden die Fische noch einmal mit Futter versorgt, könnten sie theoretisch bis zu acht Tage ohne eine weitere Fütterung auskommen.

zu verrichten. Dabei ist es ratsam, die Vertretung darauf hinzuweisen, dass viel Futter nicht unbedingt immer gut für den Fisch ist. Oft meinen es Personen, die sich zwischenzeitig um das Aquarium kümmern, besonders gut mit den Fischen und verteilen großzügig viel Futter. Doch was die Fütterung betrifft, kann ein Zuviel eher schädlich sein (siehe auch ab Seite 58).

Steht ein längerer Urlaub an, sollte vorher ein großzügiger Wasserwechsel stattfinden. Vor der Reise sollten alle elektrischen Geräte sowie der Filter auf ihre Funktionstüchtigkeit geprüft werden. Während der Abwesenheit sollte der Raum etwas abgedunkelt werden, damit er sich nicht zu sehr durch Sonnenstrahlung aufheizt.

Vor der Abfahrt in den Urlaub sollte das Aquarium noch einmal gründlich gereinigt werden.

Probleme mit Algen

Eines vorweg: Algen werden in jedem Aquarium zu finden sein. Sie gehören dazu. Im Grunde ist es ein gutes Zeichen, wenn Algen im Becken wachsen. Algenwachstum bedeutet, dass sie sich bei der herrschenden Temperatur, unter den gegebenen Lichtbedingungen und mit dem Nährstoffgehalt im Becken wohlfühlen. Wachsen Algen, so fühlen sich die Pflanzen generell wohl. Das Problem ist jedoch, dass Algen anfangen, mit den anderen Pflanzen um die Erfüllung ihrer Ansprüche zu kämpfen. Auf Dauer schaden sie dem Becken deshalb. Nimmt der Algenbestand im Aquarium Überhand, muss daher etwas gegen sie unternommen werden.

Algen im Süßwasseraquarium

- **Braunalgen (Kieselalgen)**

Sie sind sogenannte Pionieralgen, die meist nach der Aquariumeinrichtung auf den Scheiben und an Gegenständen als graubrauner Film auftreten und nach einer gewissen Zeit von allein wieder verschwinden, wenn die Pflanzen richtig angewachsen sind. Wenn sie Überhand nehmen, können Sie die Algen manuell aus dem Aquarium entfernen. Ein Teilwasserwechsel und eine optimierte Beleuchtung können auch hilfreich sein.

Auf Dauer schaden Algen dem biologischen Gleichgewicht.

Grünalgen

Grünalgen gelten als relativ harmlos, sie sind sogar ein Indikator für gute Wasserqualität. Sie haben ähnliche Ansprüche wie die höheren Aquarienpflanzen und sind daher deren Nährstoffkonkurrenten. Es gibt viele verschiedene Arten wie z. B. Faden-, Punkt- und Schwebealgen.

Ein Nährstoffüberschuss durch unzureichenden Pflanzenwuchs oder zu wenige Pflanzen sowie eine falsche Beleuchtung können jedoch eine unkontrollierte Verbreitung der Grünalgen begünstigen, sodass man etwas gegen sie unternehmen muss. Die Algen lassen sich meist recht gut manuell entfernen und werden auch gerne von algenfressenden Fischen, Garnelen und Schnecken gefressen. Bringen Sie Ihren Pflanzenwuchs auf Vordermann und sorgen Sie für gute Lichtverhältnisse, dann bekommen Sie die Grünalgen schnell wieder in den Griff.

Rotalgen
(Bart-, Pinsel- und Büschelalgen)

Diese Algenart gehört zu den besonders hartnäckigen Vertretern. Bartalgen zeigen sich als blaugrüne und schmutzigschwarze Fäden, besonders an Blatträndern und im Strömungsbereich. Pinsel- und Büschelalgen bilden dunkelgrüne bis schwarze, büschelartige Auswüchse.

Rotalgen sind schwer zu entfernen und teilweise sogar kaum mit chemischen Mitteln zu bekämpfen. Sie werden häufig durch Pflanzen ins Becken eingeschleppt. Ein massenhaftes Auftreten deutet auf einen CO_2-Mangel und Nährstoffüberschuss hin. Achten Sie besonders auf einen überhöhten Nitratwert. Außerdem können Überbesetzung und falsche Lichtverhältnisse ein Auslöser sein. Entfernen Sie die Algen radikal. Auch befallene Pflanzen und Gegenstände sollten entfernt werden. Gegenstände können gegebenenfalls auch ausgekocht werden, um sie von den Algen zu befreien. Eine Reduzierung des Besatzes und regelmäßige Teilwasserwechsel können helfen. Leider gibt es kaum Aquarienbewohner, die diese Algenart gerne fressen.

Blaualgen/Schmieralgen

Blaualgen werden den Bakterien zugeschrieben und zählen zu den gefährlichen Algen. Ihr Auftreten ist ein Zeichen für ein biologisches Ungleichgewicht, besonders für einen Nährstoffüberschuss an Nitrat und Phosphat. Das sollten Sie auf jeden Fall ernst nehmen, da hierdurch Pflanzen und Tiere Schaden nehmen können. Einige Blaualgenarten setzen zudem Giftstoffe frei.

Blaualgen breiten sich großflächig als schmierige, blaugrüne bis braunschwarze, hautartige Überzüge auf Pflanzen, Dekoration und Bodengrund aus. Hinzu kommt ein meist übler Geruch. Saugen Sie die Algen schnellstmöglich mit einem Schlauch ab und nehmen Sie einen größeren Teilwasserwechsel vor. Gehen sie der Ursache für den erhöhten Nitratwert auf den Grund und beseitigen Sie diesen. Falls alle Maßnahmen nichts helfen, können Sie als letzten Schritt eine „Dunkelkur" vornehmen, bei der Sie den Algen über mehrere Tage das Licht entziehen und sie so abtöten.

Für alle Algenprobleme können Sie im Zoofachhandel entsprechende Präparate kaufen, welche die Algen bekämpfen sollen. Das sollten Sie sich aber gut überlegen, da Sie dadurch lediglich die Symptome bekämpfen und nicht die Ursachen. Außerdem haben diese meist chemischen Mittel häufig negative Auswirkungen auf die Wasserchemie, sodass empfindlichere Aquarienbewohner und Pflanzen dadurch Schaden nehmen können.

So können Sie generell gegen vermehrte Algen vorgehen

● In der ersten Behandlungswoche

- Über einen Zeitraum von einer Woche sollte täglich das gesamte Wasser des Aquariums durch frisches Wasser ersetzt werden. Grün- und Kieselalgen, die besonders schnell wachsen, wird so die nötige Nahrung entzogen.
- Zu intensive Sonnenstrahlung und dadurch eine zu hohe Temperatur kann zu Algenwuchs führen. Das Fenster sollte daher abgedunkelt werden, beispielsweise mit einem Rollo oder einer dicken Gardine.
- Größere Algenpolster sollten per Hand oder mit einem feinporigen Schwamm entfernt werden.
- Grüne Fadenalgen, die sich gerne an feinfiedrige Wasserpflanzen heften, können mit einem dünnen Holzstab entfernt werden. Die Algen lassen sich in der Regel mit etwas Geduld und Geschick vollständig auf den Holzstab rollen und können so entfernt werden.

● Ab der zweiten Behandlungswoche

Gersten- und Weizenstroh hilft nun, die restlichen Algen zu bekämpfen. Das gut getrocknete Stroh stopft man in einen Nylonstrumpf (pro 100 Liter Wasser sollten vier Hände Stroh verwendet werden). Der Strumpf wird zugebunden und dann ganz einfach ins Becken gelegt. Für Tiere und Pflanzen ist diese Methode völlig gefahrenlos. Doch den Algen geht's damit an den Kragen! Das Wasser wird sich bereits nach einigen Stunden gelblich-trüb färben. Die Trübung wird mit der Zeit verschwinden, die Gelbfärbung bleibt jedoch meist bestehen. Die ersten Algenbestände werden nach einigen Tagen absterben. Man saugt diese vorsichtig ab und füllt das Becken anschließend mit Frischwasser auf. Das Stroh sollte alle zwei Wochen erneuert werden. Nach rund einem Monat sollte das Becken weitestgehend algenfrei sein. Der Strumpf kann nun entfernt werden. Letzten Endes sollten 90 % des Beckenwassers durch frisches Wasser ersetzt werden.

Nützliche Helfer, die Algen in Schach halten

● Algenfressende Fische

- **Lebendgebärende Zahnkarpfen** (ab S. 99)
  Sie fressen gerne Algen, aber nur, wenn sie hungrig sind. Wenn sie also gegen Algen eingesetzt werden sollen, dürfen sie nur selten gefüttert werden. Vor allem Guppys, Black Mollys, Segelkärpflinge und Korallenplatys sind bekannt für ihren Appetit auf Algen.

- **Blauer Antennenwels** (s. S. 95)
  Auch der Blaue Antennenwels ist bekannt dafür, dass er gerne Algen abweidet und die Scheiben säubert.
- **Fadenfische** (ab S. 70)
  Besonders der Blaue und Gelbe Fadenfisch haben sich als Algenfresser einen Namen gemacht. Die Ausbeute ist bei ihnen allerdings nicht sehr groß, weil sie die Algen nur ergänzend zu ihrer üblichen Nahrung fressen.

- **Wirbellose Algenfresser**
- **Zebrarennschnecke** (s. S. 127)
  Die Zebrarennschnecke weidet gerne veralgte Flächen ab und wird deswegen häufig zur effektiven Algenbekämpfung eingesetzt.
- **Amanogarnele** (s. S. 121)
  Auch die Amanogarnele weidet Algen ab, ist aber ein Allesfresser, der sich nicht hauptsächlich von Algen ernährt.
- **Algenhemmende Pflanzen**
- Raues Hornblatt (s. S. 134)
- Dichtblättrige Wasserpest (s. S. 131)
- Indischer Wasserfreund (s. S. 132)

Meist lässt sich bereits nach den ersten Behandlungsschritten eine Besserung erkennen.

Guppy-Schwarm
Poecilia reticulata

Ein Schwarm
neuer Mitbewohner

Die Anatomie

Fisch ist nicht gleich Fisch – doch es kann nicht schaden, Grundlegendes über die Anatomie des Fisches im Allgemeinen zu erfahren, denn je besser man den Fisch kennt, desto leichter ist es, ihn zu verstehen. Schließlich möchte man sich den Aquariumbewohnern auch nah fühlen und sie nicht nur als Dekoration zweckentfremden.

Der Fischkörper wird in drei Bereiche geteilt:
- **Kopf** (von der vorderen Extremität bis an den oberen Ansatz des hinteren Endes der Kiemendeckel)
- **Rumpf** (vom hinteren Ende der Kiemendeckel bis an den After)
- **Schwanz** (vom After bis an das hintere Ende der Schwanzflossen).

Die Anatomie eines Fisches auf einen Blick

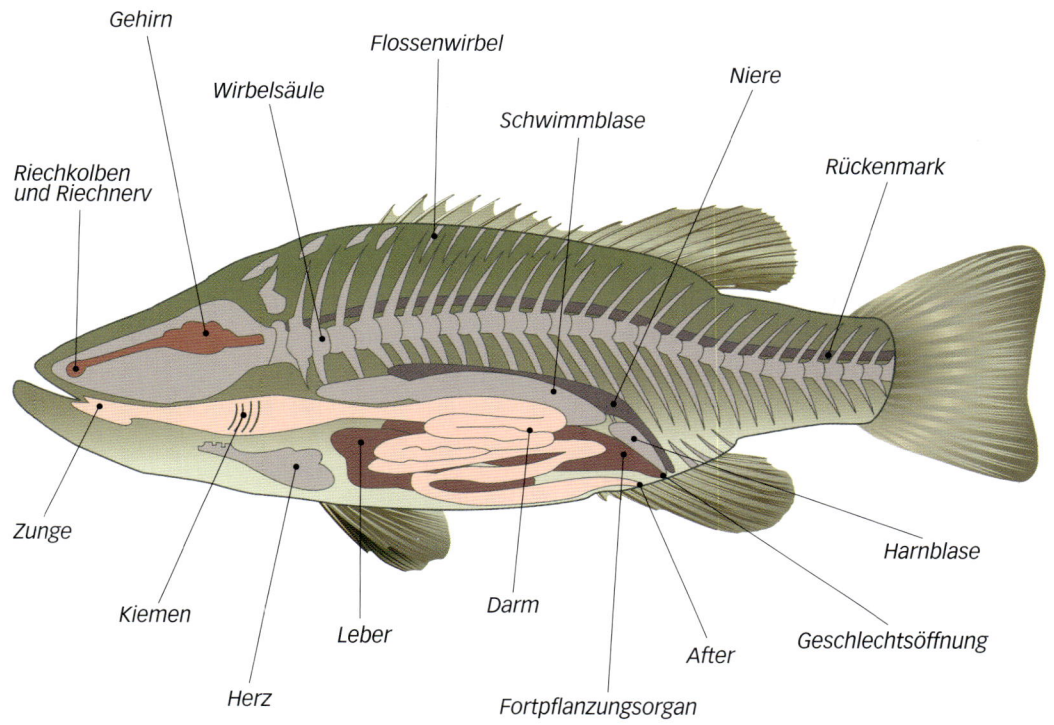

Gehirn

Flossenwirbel

Niere

Wirbelsäule

Schwimmblase

Rückenmark

Riechkolben
und Riechnerv

Zunge

Kiemen

Leber

Darm

After

Harnblase

Geschlechtsöffnung

Herz

Fortpflanzungsorgan

Schon gewusst?

- Einige Fische, die sogenannten Folgezwitter, können ihr Geschlecht wechseln (z. B. der Schwertträger). Der Fisch verwandelt sich innerhalb seines Lebens von einem Weibchen zu einem Männchen (protogyn) oder von einem Männchen in ein Weibchen (protandrisch).
- Die Wahrscheinlichkeit, dass ein Fisch sehr groß wird, wächst mit der Größe des Beckens.

- Flossen, die zerrupft oder eingerissen sind, können wieder nachwachsen.
- Fische nehmen ihre Haltung je nach Sonnenrichtung ein. Das Licht sollte deshalb bestenfalls im geraden Winkel von oben kommen – wie das natürliche Sonnenlicht.
- Die Schuppen eines Fisches geben ein Bild über sein Alter, futterreiche sowie ungünstige Jahre und auch überstandene Krankheiten ab.

Was machen Fische eigentlich den ganzen Tag?

Beobachten Sie doch Ihre Fische mal eine Zeit lang, dann werden Sie merken, dass sich einige Verhaltensweisen ständig wiederholen. Denn im Grunde sind es nur eine Handvoll Dinge, mit denen ein Fisch sich seine Zeit vertreibt.

Häufige Verhaltensweisen

● Fressen

Die meiste Zeit ihres Lebens verbringen die Fische damit, nach Futter zu suchen. Das liegt in ihrer Natur, denn wenn sie nicht in einem Aquarium leben, wo sie regelmäßig Futter bekommen, müssen sie oft viele Kilometer schwimmen, um auf etwas Essbares zu stoßen.

● Schlafen

Auch Fische brauchen ihre Ruhe. Sie ziehen sich in ihr Versteck zurück und schlummern dort eine Weile – auch wenn sie dabei die Augen nicht schließen. Droht Gefahr, sind sie blitzschnell wieder hellwach, um zügig flüchten zu können.

● Spielen

Wenn Fische miteinander spielen, sieht es so aus, als würden sie tanzen.

● Balzen

Nicht zu verwechseln ist das Spielen jedoch mit dem Balzen. Balzverhalten läßt sich ganz deutlich daran erkennen, dass das Männchen versucht, das Interesse des Weibchens auf sich zu lenken. Es umschwimmt sein Objekt der Begierde, stupst das Weibchen an und schwimmt ihm hinterher.

● Schwarmbildung

Viele Fische halten sich gerne im Schwarm auf, so fühlen sie sich sicherer. Denn ein Raubfisch hat es bei einem Schwarm schwerer, ein einzelnes Opfer auszumachen. Oft bilden Fische auch

Maulformen

oberständig:

zur Nahrungsaufnahme an der Wasseroberfläche; z. B. Zahnkärpflinge

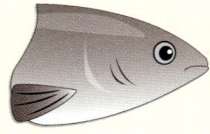

mittelständig:

zur Nahrungsaufnahme im freien Wasser; überwiegend im mittleren Wasserbereich; z. B. Salmler und Barschartige

unterständig:

zur Nahrungsaufnahme in Bodennähe;Grundfische, z. B. Welse

eine Gruppe, wenn sie zusammen auf Futtersuche gehen. Richtiges Schwarmverhalten lässt sich jedoch meist nur in großen Becken erkennen.

● Verstecken

Jeder Fisch hat sein „Heim" – so auch im Aquarium. Will er sich verstecken, so sucht er Unterschlupf in seinem Heim: Das kann eine Höhle sein, ein Unterschlupf unter oder hinter einer dichten Pflanze oder auch einfach nur eine dunkle Ecke im Becken.

Beobachtet man das Fischpaar (Abb.: Zwergbärbling, *Boraras maculates*), wird man erkennen können, ob sie miteinander spielen oder ob das Männchen das Weibchen anbalzt.

● Revier verteidigen

Barsche beispielsweise neigen dazu, Reviere zu bilden. Diese müssen natürlich auch verteidigt werden. Potenzielle Eindringlinge werden mit Drohgebärden vertrieben. Dabei spreizt der Fisch, der sein Revier verteidigen will, alle Flossen ab – um so größer zu wirken, als er eigentlich ist. So ein Konkurrenzverhalten findet meist unter den Männchen statt. Und wenn es keine Fluchtmöglichkeit gibt – so wie in einem begrenzten Aquariumbecken – so kann der Kampf auch tödlich ausgehen. Die Aggressivität richtet sich allerdings in der Regel gegen Fische der gleichen Art oder Fische, die der Art ähneln.

Das Fischfutter

Die Vitalität der Fische und auch ihr Paarungsverhalten hängen stark davon ab, wie sie sich ernähren. Das Futter, das ihnen angeboten wird, sollte deshalb in Sachen Nährstoffgehalt möglichst dem Futter nahekommen, das sie auch in ihrem natürlichen Lebensraum finden würden. Man unterscheidet vier verschiedene Arten von Fischfutter: Lebendfutter, Frostfutter, Trockenfutter sowie Nahrung aus unserer Küche.

Lebendfutter

Lebendfutter enthält den größten Anteil an lebenswichtigen Stoffen, welche die Fische benötigen. Die wertvollen Inhaltsstoffe des frischen Futters gelangen direkt in den Kreislauf der Flossentiere, wo sie sich voll entfalten können. Fische, die viel Lebendfutter zwischen die Kiemen bekommen, weisen in der Regel ein aktiveres Paarungsverhalten auf als jene, die nur mit Trockenfutter gefüttert werden. Das räuberische Fressverhalten wird bei der Fütterung mit Lebendfutter sichtbar – die Fische sind in ihrem Element und fühlen sich einfach wohl. Lebendfutter hat jedoch auch einen gravierenden Nachteil: Es besteht die Gefahr, dass es Krankheitserreger einschleppt. Zudem ist es oft schwierig, Lebendfutter zu fangen. Viele Gewässer sind heutzutage geschützt, in ihnen darf nicht nach Lebendfutter gefischt werden. Einige Lebendfutterarten, wie beispielsweise Wasserflöhe, stehen zudem nicht ganzjährig zur Verfügung.

Vorsicht: Lebendfutter, wie z. B. Mückenlarven, kann Krankheiten übertragen.

Hier die wichtigsten Arten auf einen Blick:
- **Mückenlarven:** Sie sind in Bächen, Seen und Regentonnen vorzufinden. Für einen Fisch ist die Stechmücke, die sich aus der Larve entwickelt, eine wahre Delikatesse. Man unterscheidet schwarze, rote und weiße Mückenlarven.
- **Tubifex/Rote Bachröhrenwürmer:** In Sumpfgebieten oder nassen Bodenregionen sind diese Würmer zu finden. Sie bringen unter dem Lebendfutter das größte Risiko mit, Krankheiten zu übertragen. Deshalb gibt es sie auch in getrockneter Form im Zoofachhandel.
- **Bachflohkrebse:** Sie sind besonders gut für größere Fische geeignet. Sie bringen viele Ballaststoffe mit, welche die Verdauung des Fisches fördern.
- **Bosmiden/Weiher-Rüsselkrebse:** Sie sind eher für kleinmäulige Fische wie Barben und Salmler interessant.
- **Cyclops/Hüpferling:** Auch dieser winzige Kleinkrebs ist eine Delikatesse für die Aquariumbewohner.

- **Drosophila/Taufliege:** Besonders beliebt ist diese Fruchtfliege bei Fischen, die an der Oberfläche leben.
- **Mikrowürmer:** Die weißen, madenartigen Würmer werden sowohl gerne von ausgewachsenen Fischen als auch von Jungfischen verzehrt.
- **Daphnien/Wasserflöhe:** Sie sind reich an Ballaststoffen und regen die Verdauung an.
- **Artemien/Salinenkrebschen:** In Gewässern mit hohem Salzgehalt sind sie zu finden. Sie haben einen hohen Anteil an Vitaminen, Eiweißen, Mineralien und Ballaststoffen.
- **Krill:** Der Krill lebt in besonders salzhaltigen Regionen. Er sollte daher nicht zu oft hintereinander verfüttert werden – der Salzgehalt des Aquariumwassers könnte unerwünscht ansteigen.

- **Plankton:** Man unterscheidet rotes Plankton, das aufgrund seines Karotinanteils die Fische in den schönsten Farben erstrahlen lässt, und grünes Plankton. Plankton enthält viele Ballaststoffe und kann das Paarungsverhalten der Fische anregen.
- **Fischeier:** Sie sind dafür bekannt, den Wunsch nach Fortpflanzung unter den Fischen zu fördern.

Achtung!
So viele Nährstoffe das Lebendfutter auch mit sich bringt, sollte man es damit nicht übertreiben! Eine Überfütterung mit diesen Leckerbissen könnte eine Verletzung der inneren Organe der Fische verursachen. Das kann für die Tiere tödlich sein. Da die Gefahr besteht, mit dem Lebendfutter ungewollt Krankheiten ins Aquarium einzuschleusen, wird es von vielen Aquarienfreunden nur noch in tiefgefrorener Form verfüttert.

Fische, die viel Lebendfutter bekommen, werden mit vielen lebenswichtigen Nährstoffen versorgt.

Frostfutter

Wer seinen Fischen keine Nährstoffe vorenthalten möchte und trotzdem nicht Gefahr laufen will, Krankheitserreger über Lebendfutter zu übertragen, sollte über Frostfutter nachdenken. Es ist in seiner Nährstoffzusammensetzung als sehr hochwertig zu bezeichnen, jedoch werden bei der Herstellung die meisten Krankheitserreger abgetötet. Mückenlarven, Tubifex, Bachflöhe, Grünfutter, Plankton oder auch kleine Garnelen und Krebse werden mithilfe eines Schockfrostverfahrens zu Frostfutter verarbeitet. Wer Frostfutter kauft, sollte darauf achten, dass es auf dem Weg nach Hause nicht auftaut. Es sollte im Eisfach aufbewahrt werden. Bevor es an die hungrigen Mäuler verfüttert wird, muss es aufgetaut werden. Dazu wird ein Stück der Tafel abgebrochen und in einem Sieb in warmes Wasser gehalten. Der Wasserstrahl sorgt zudem dazu, dass Schmutz entfernt wird.

Achtung: Wird den Fischen noch gefrorenes Futter angeboten, besteht die Gefahr einer inneren Verletzung ihrer Organe. Die Fütterung sollte immer in vielen kleinen Portionen erfolgen, damit sich die Fische nicht überfressen – Schäden in Magen und Darm könnten tödliche Folgen haben.

Trockenfutter

Das am häufigsten benutzte Futter für Zierfische ist das Trockenfutter. Man kann es in jedem Fachhandel beziehen und es ist einfach zu dosieren. Kaufen Sie kleinere Futterportionen ein, da bei langer Lagerung wichtige Vitamine und Spurenelemente entweichen können. Eine fachgerechte Lagerung ist in jedem Fall zu beachten. Ein zu großer Lichteinfall kann beispielsweise die Qualität des Futters mindern. Auch der Kontakt mit Wasser kann sich negativ auf die Futterqualität auswirken: Kommt das Futter in direkten Kontakt mit Wasser, besteht die Gefahr, dass sich Schimmel entwickelt. Deshalb sollte man das Futter immer mit trockenen Händen aus der Dose entnehmen. Trockenfutter wird in unterschiedlichen Zusammensetzungen angeboten, je nach Bedarf der Fischart ausgerichtet.

Man unterscheidet Flockenfutter, Granulat oder Futtertabletten. Das Flockenfutter setzt sich – wie der Name schon sagt – aus vielen trockenen Flocken zusammen. Diese sollten über viele kleine Portionen mehrmals täglich verfüttert werden. Die Flocken sind ideal für Fische sämtlicher Wasserzonen, da sie sowohl an der Wasseroberfläche als auch während des Absinkens auf den Aquariumboden von den Fischen aufgenommen werden können. Das Granulat ist eher für Fische geeignet, die sich in mittleren Wasserschichten aufhalten, da es langsam zu Boden schwebt. Futtertabletten sollte man verfüttern, wenn der Hunger von am Boden lebenden Fischen gestillt werden soll, denn sie sinken sofort zu Boden. So lässt sich der Futterort gezielt bestimmen.

Durch Trockenfutter lässt sich der Grundbedarf der Fische decken. Eine Kombination mit Frostfutter bietet den Vorteil, dass die Fische mit ausreichend Nährstoffen versorgt werden.

Mit Flockenfutter können Fische
sämtlicher Wasserregionen gefüttert werden.

Frostfutter ist eine gute Alternative
zu Lebendfutter, da seine Nährstoffzusammensetzung ebenfalls sehr
hochwertig ist.

Das Granulat eignet sich für Fische,
die in mittleren Wasserregionen
zu Hause sind.

Bieten Sie Ihren Fischen zur
Abwechslung auch Zusatzfutter
wie z. B. getrocknete Wasserflöhe
(Daphnien) an.

Futtertabletten werden meist
an Fische verfüttert, die sich
am Beckenboden aufhalten.

Nahrung aus unserer Küche

Aquariumfische nehmen gerne eine ganze Reihe von Nahrungsmitteln als Futter an, die man bei sich in der Küche findet. So eignen sich für Pflanzenfresser beispielsweise Salat- oder Spinatblätter als Futter. Karotten und Gurken kann man dem Fisch in dünnen Scheiben anbieten. Auch Kartoffel- oder Zucchinischeiben locken den hungrigen Fisch an, doch sollten diese überbrüht werden, bevor man sie ins Aquarium absinken lässt. Drückt man Erbsen leicht an, bevor man sie dem Fisch anbietet, wird ihr Inneres leichter erreichbar für ihn. Auch ist es möglich, kleine Stücke frischen Fisch zu verfüttern.

Achtung: Nicht aufgenommene Reste sollten möglichst schnell aus dem Aquarium entfernt werden, damit sie nicht anfangen, im Wasser zu faulen.

● **Wann, wo und wie füttern?**
Nicht nur, was man füttert, sondern auch das Wann, Wo und Wie ist entscheidend. Der Futterplan sollte generell abwechslungsreich zusammengestellt werden. Durch die Verwendung eines Dosierlöffels oder Futterspenders lässt sich eine Verteilung des Futters an immer anderen Stellen des Aquariums erreichen. Viel ist nicht immer gut! Fische können sich überfressen. Deshalb ist darauf zu achten, ob das angebotene Futter nach einigen Minuten komplett

Wird das Futter nicht innerhalb einiger Minuten verzehrt, so wurde zu viel davon verteilt (Abb.: Purpur-Ziersalmler, *Nannostomus mortenthaleri*).

verzehrt wird. Wenn nicht, ist das ein Zeichen dafür, dass zu viel Futter ins Becken gegeben wurde. Fische verdauen Nahrung nur sehr langsam. Daher sollte man ihnen lieber viele kleine Portionen über den Tag verteilt anbieten als eine große. Zum Abend hin ist es sinnvoll, eine Stunde vor der „Schlafenszeit", also bevor das Licht ausgeschaltet wird, die letzte Mahlzeit zu verfüttern. Danach sollten die Fische nichts mehr bekommen.

Gut zu wissen!

- Schalten Sie während der Fütterung den Filter aus, damit er kein Futter ansaugt.
- Futterreste nie lange am Boden liegen lassen. Das Futter zersetzt sich und kann die Wasserqualität negativ beeinflussen.
- Ein Fastentag pro Woche fördert die Vitalität der Aquariumbewohner. Außerdem sind die Fische so gezwungen, das Becken nach Resten abzusuchen. Ein schöner Nebeneffekt: Sie säubern das Aquarium.

Futterreste sollten möglichst schnell aus dem Becken entfernt werden, damit sie nicht anfangen zu faulen.

Die Fortpflanzung

Stimmen die Umweltbedingungen im Aquariumbecken, fühlen sich die Fische wohl. Die Folge: Sie vermehren sich. Man unterscheidet in der Fischwelt die Fortpflanzung von eierlegenden Fischen und die von lebendgebärenden.

Eierlegende Fische

Die meisten Fische pflanzen sich durch befruchtete Eier fort. Das Weibchen gibt beim Ablaichen die Eier ab, damit das Männchen sie besamen kann. Hier spricht man von der äußeren Befruchtung. Nur wenige Fische praktizieren eine Befruchtung innerhalb des weiblichen Körpers. Schlüpfen die Jungfische aus den Eiern, sind sie sehr klein und auch hilflos.

Unter den eierlegenden Fischen lassen sich wiederum die Gruppen Freilaicher, Bodenlaicher, Substratlaicher, Maulbrüter und Nestbauer definieren.

● **Freilaicher**
Nach der Paarung werden die Eier freigegeben. Freilaicher zeigen keinerlei Brutfürsorge. Doch die Natur sorgt dafür, dass zumindest ein Großteil der Eier einen sicheren Platz findet: Mithilfe der klebrigen Oberfläche haften die Eier an Wasserpflanzen fest. Fehlt diese haftende Schicht, fallen die Eier zu Boden und sind somit nicht vor hungrigen Fischmäulern geschützt. Steine oder Murmeln am Beckenboden könnten helfen, den Eiern etwas Schutz zu gewähren.

Zu den Freilaichern gehören Barben, Bärblinge, Salmler und Goldfische.

Die Eier werden von den Weibchen abgelegt, damit das Männchen sie besamen kann.

● Bodenlaicher

Im natürlichen Lebensraum legen Bodenlaicher die Eier im Schlamm des Gewässers ab. Das hat den Grund, dass die Eier so die Trockenzeit, die besonders flache Bäche austrocknen lässt, überleben sollen. Beginnt danach die Regenzeit, nehmen die Eier Wasser auf und die Jungfische schlüpfen. Im Aquarium besteht dieses Problem jedoch nicht. Die Bodenlaicher, die sonst nur circa ein Jahr alt werden, können im Aquariumbecken deshalb länger leben. Um den Bodenlaichern einen Schlammersatz zu bieten, kann am Beckenboden Torf verteilt werden.

Zu den Bodenlaichern gehören eierlegende Zahnkarpfen.

● Substratlaicher

Die Substratlaicher legen eine sehr ausgeprägte Brutfürsorge an den Tag. Haben sie einen geeigneten Partner zur Fortpflanzung gefunden, suchen sie sich mit ihm einen geeigneten Laichplatz, der vorerst gründlich gereinigt wird. Dies kann ein Pflanzenblatt, eine Felswand oder der Unterschlupf in einer Höhle sein. Nähern sich andere Fische dem Laichplatz, so werden sie von den Eltern vertrieben. Schlüpft der Nachwuchs, so beginnt er sofort, frei herumzuschwimmen. Doch die Eltern geben auf ihre Kinder sorgsam acht und begleiten sie stets.

Zu den Substratlaichern gehören Panzerwelse, Buntbarsche, Spritzsalmler, Sonnenbarsche sowie einige Bärblinge der Gattung *Rasbora* bzw. *Trigonostigma*.

Die frisch aus den Eiern geschlüpften Fischchen sind sehr klein und hilflos.
(Abb.: Roter Buntbarsch, *Hemichromis bimaculatus*)

• Maulbrüter

Maulbrüter legen ihre Eier zuerst in einem Nest ab, das kann zum Beispiel ein Krater im Kies sein. Wie der Name schon vermuten lässt, nehmen Maulbrüter später dann die Eier im Mund auf, bis die Jungtiere schlüpfen. Das machen sowohl Männchen als auch Weibchen. Teilweise suchen auch bereits geschlüpfte Fischbabys noch Schutz im Maul eines Elternteils.

Zu den Maulbrütern gehören einige Buntbarsche sowie einige Kampffische.

• Nestbauer

Fische, die zu den Nestbauern zählen, verwenden viel Energie für den Bau des Nestes für ihren Nachwuchs. Das Nest kann aus speichelumschlossenen Luftblasen bestehen, die an der Wasseroberfläche treiben. Genauso gut kann das Nest sich auf der Unterseite eines Blattes befinden. In der Regel kümmert sich das Männchen um den Nestbau und der Vater in Spe ist es auch, der die Brut bewacht, bis der Nachwuchs schlüpft. Die Eier verteidigt er mit all seiner Kraft, es kann sogar vorkommen, dass er sich seiner Paarungspartnerin gegenüber aggressiv verhält.

Zu den Nestbauern gehören Guramis, Fadenfische, Schleierkampffische und einige Buntbarsche.

Lebendgebärende Fische

Die Eier von lebendgebärenden Fischen entwickeln sich im Inneren des Körpers des Weibchens. Die Strahlen der Afterflosse sind beim Männchen in ein Begattungsorgan umgewandelt, um eine Befruchtung der Eier im Körper des Weibchens möglich zu machen. Kurz bevor die Jungfische zur Welt kommen, schlüpfen sie im Körper ihrer Mutter aus dem Ei und machen sich dann – Schwanzflosse voran – auf den Weg nach draußen. Im Gegensatz zum Nachwuchs von eierlegenden Fischen ist der von lebendgebärenden Fischen sofort selbstständig. Damit die Kleinen nicht gefressen werden, verstecken sie sich zwischen treibenden Wasserpflanzen.

Übrigens: Nicht alle lebendgebärenden Fische reifen in einem Ei heran. Bei den Hochlandkärpflingen zum Beispiel ernährt sich die Brut über eine Art Nabelschnur und wird nicht von einer Eierschale umhüllt.

Zu den lebendgebärenden Fischen gehören Guppys, Platys, Schwertträger, Kärpflinge und Halbschnäbler.

Bei den lebendgebärenden Fischen entwickeln sich die Eier im Leib der zukünftigen Fischmutter. (Abb.: Guppy, *Poecilia reticulata, s. S. 103*)

Ungewollter Kindersegen?

Natürlich ist es schön mit anzusehen, wie sich die Fische im Aquarium vermehren. Doch irgendwann steht man vor dem Problem, wo die ganzen Fische Platz finden sollen. Da in einem Becken immer nur eine begrenzte Anzahl von Fischen artgerecht gehalten werden kann, muss entweder ein zweites oder größeres Becken her. Wer nicht dazu bereit ist, mehr Raum für neue Fische zu schaffen, sollte sich frühzeitig Gedanken machen, was mit möglichem Nachwuchs passieren soll. Entweder fragt man beim Zoohandel um die Ecke an, ob dort Jungfische abgegeben werden können. Da man immer damit rechnen muss, dass plötzlich ein ganzer Schwarm von frisch geschlüpften Fischen im Becken Platz finden möchte, sollte man einen Plan B in der Tasche haben. Findet man keinen geeigneten Abnehmer, so besteht die Möglichkeit, das natürliche Verhalten aus dem Tierreich ins Becken zu übertragen: frei nach dem Motto „Fressen und Gefressenwerden".

Querbandhechtlinge, Kirschflecksalmler oder Afrikanische Schmetterlingsfische werden den ungewollten Nachwuchs bereitwillig auffressen. Das mag vielleicht erst einmal grausam klingen, doch in der Natur funktioniert es genauso – das biologische Gleichgewicht soll schließlich aufrechterhalten werden.

Der Black Molly (*Poecilia sphenops var. Black*) gehört zu den lebendgebärenden Zahnkarpfen.

Zierfisch-Lexikon

Wer die Wahl hat ...

Welchen Fischen man ein neues Zuhause bieten will, sollte nicht nur davon abhängen, ob sie einem optisch zusagen und ob sie als „dekorativ" empfunden werden. Die Wahl sollte vielmehr darauf ausgerichtet sein, ob die gewünschten Fische in dem Aquarium, das errichtet werden soll, artgerecht leben können. Folgende Fragen sollte man sich stellen: Fühlen sich die Wunschfische unter den gleichen Begebenheiten wohl? Bevorzugen sie die gleiche Wassertemperatur, -härte und den gleichen pH-Wert?

Kann man ihnen die Beckenmindestgröße bieten, die unbedingt einzuhalten ist? Und: Werden sich die verschiedenen Fischarten untereinander vertragen?

Man hat die Wahl zwischen unzähligen Zierfischen. Als Aquarium-Neuling sollte man sich auf Fische konzentrieren, die sehr leicht zu pflegen sind. Das Zierfisch-Lexikon auf den folgenden Seiten bietet einen groben Überblick über rund 60 verschiedene Fischarten, die alle eines gemeinsam haben: Sie sind besonders für Anfänger geeignet, da sie in der Pflege sehr einfach zu handhaben sind. Anhand der oben genannten Kriterien lässt sich so eine schöne bunte Mischung an Zierfischen für das Heimaquarium zusammenstellen.

Barschartige *Perciformes*

Die Barschartigen sind eine Ordnung der Klasse der Knochenfische. Die meisten der Sorte sind Raubfische. Typisch für Fische dieser Ordnung ist die zweiteilige Rückenflosse sowie die Afterflosse, die im vorderen Teil stachelartig gewachsen ist. Die Ordnung Barschartige umfasst rund 40 % aller Fischarten und ist mit über 150 Familien und fast 10 000 Arten die größte innerhalb der Wirbeltiere.

Der Tanganjika-Buckelkopf *(Cyphotilapia frontosa)* ist ein Buntbarsch, der aus dem ostafrikanischen Tanganjika-See stammt.

Afrikanischer Schmetterlingsbuntbarsch

Anomalochromis

Familie: Buntbarsche *(Cichlidae)*
Heimat: Afrika. Küstennahe Flüsse in Guinea. Kleinere Bäche Sierra Leones und Liberias.
Länge: 6 bis 8 cm
Alter: bis 4 Jahre
Geschlechtsunterschied: Weibchen etwas kleiner, etwas blasser gefärbt und mit runderen Flossen
Laichverhalten: Substratlaicher
Futter: Alle gängigen Futtersorten. Feines Lebendfutter und Frostfutter erhalten die Färbung.
Beckenmindestgröße: ab 100 Liter
Wasserqualität:
Temperatur: 24 bis 27° C
pH-Wert: 6 bis 7,8
Gesamthärte: 5 bis 20 °dGH

Haltung, Sozialverhalten und Vergesellschaftung:
In nicht zu hellem, teilweise dicht bepflanztem Becken. Paarweise einsetzen. Ruhige und zurückhaltende Art, die man mit fast allen Fischen vergesellschaften kann.

Blauer Fadenfisch/
Blauer Gurami/
Punktierter Fadenfisch

Trichogaster trichopterus

Familie: Fadenfische *(Osphronemidae)*
Heimat: Südostasien. Stehende, oft trübe Gewässer Malaysias und Indonesiens.
Länge: 12 bis 13 cm
Alter: bis 11 Jahre
Geschlechtsunterschied: Weibchen kleiner und mit abgerundeten Flossen
Laichverhalten: Schaumnestbauer
Futter: Hochwertiges Flockenfutter (Grünflocken), verschiedene Frost- und Lebendfuttersorten.
Beckenmindestgröße: ab 150 Liter
Wasserqualität:
Temperatur: 22 bis 28° C
pH-Wert: 6 bis 7,8
Gesamthärte: 5 bis 19 °dGH

Haltung, Sozialverhalten und Vergesellschaftung:
Großzügiges Becken, besetzt mit Randbepflanzungen und Wurzeln. Paarweise halten. Nicht mit rauflustigen Fischen (Cichliden, Sumatrabarben) vergesellschaften. In der Regel friedliche Fischart, doch bei der Revierverteidigung reagieren sie aggressiv.

Blaupunkt-Buntbarsch

Aequidens pulcher

Familie: Buntbarsche *(Cichlidae)*
Heimat: Südamerika. Flüsse und
Gewässer im nördlichen Südamerika
von Panama bis Venezuela.
Länge: bis 16 cm
Alter: bis 10 Jahre
Geschlechtsunterschied: Rückenflosse
beim Männchen länger
Laichverhalten: Substratlaicher
Futter: Abwechslungsreiche Fütterung
mit allen gängigen Futtersorten. Vor
allem Frost- und Lebendfutter.
Beckenmindestgröße: ab 300 Liter
Wasserqualität:
Temperatur: 20 bis 25° C
pH-Wert: 6 bis 7,8
Gesamthärte: 2 bis 25 °dGH
**Haltung, Sozialverhalten
und Vergesellschaftung**:
Becken mit relativ grobem Sand als
Bodengrund und Steinen. Paarweise
halten. Gut mit größeren Salmlern oder
Barben zu vergesellschaften. Relativ
friedliche Fische.

Dicklippiger Fadenfisch

Colisa labiosus

Familie: Fadenfische *(Osphronemidae)*
Heimat: Südostasien. Ruhige Bereiche
der Flüsse und Sümpfe des südlichen
Myanmar (Burma).
Länge: bis 10 cm
Alter: bis 4 Jahre
Geschlechtsunterschied: Männchen
mit intensiverer Färbung
Laichverhalten: Schaumnestbauer
Futter: Hochwertiges Flockenfutter und
ab und zu Lebendfutter. Auch gelegent-
lich pflanzliche Kost.
Beckenmindestgröße: ab 100 Liter
Wasserqualität:
Temperatur: 22 bis 28° C
pH-Wert: 6 bis 7,5
Gesamthärte: 4 bis 10 °dGH
**Haltung, Sozialverhalten
und Vergesellschaftung**:
Großzügige Bepflanzung, Gliederung mit
Moorkienholz und Schwimmpflanzende-
cke. Paarweise halten. Sehr friedlicher
Fisch, der sich gut mit Barben vergesell-
schaften lässt.

Paradiesfisch

Macropodus opercularis

Familie: Fadenfische *(Osphronemidae)*
Heimat: Ost- bis Südostasien. Sumpfige Gebiete, Kanäle und ruhige Flussabschnitte von Südchina bis Vietnam.
Länge: 7 bis 10 cm
Alter: bis 10 Jahre
Geschlechtsunterschied: Männchen größer, langflossiger und bunter
Laichverhalten: Schaumnestbauer
Futter: Alle gängigen, nicht zu großen Futtersorten. Auf eine abwechslungsreiche Fütterung achten.
Beckenmindestgröße: ab 100 Liter
Wasserqualität:
Temperatur: 18 bis 26° C
pH-Wert: 6 bis 8
Gesamthärte: 5 bis 19 °dGH
Haltung, Sozialverhalten und Vergesellschaftung:
Reich strukturiertes Becken mit einigen Schwimmpflanzen und Wurzeln. Lebhafte und etwas ruppige Fischart. Gut mit Schmerlen oder kleinen asiatischen Bärblingen (außer Barben der flossenzupfenden Art) zu vergesellschaften.

Schneckenbuntbarsch

Lamprologus ocellatus

Familie: Buntbarsche *(Cichlidae)*
Heimat: Afrika. Tanganjikasee in Ostafrika.
Länge: 4 bis 6 cm
Alter: bis 8 Jahre
Geschlechtsunterschied: Männchen deutlich größer
Laichverhalten: Substratlaicher
Futter: Feines Lebendfutter wird +bevorzugt (Kleinkrebse, Mückenlarven). Auch Frostfutter möglich.
Beckenmindestgröße: ab 100 Liter
Wasserqualität:
Temperatur: 24 bis 27° C
pH-Wert: 7,5 bis 8,5
Gesamthärte: 12 bis 20 °dGH
Haltung, Sozialverhalten und Vergesellschaftung:
Becken mit etwa 5 cm hoher Sandschicht und kleinen Schneckenhäusern. Ein Männchen mit mehreren Weibchen halten. Zur Vergesellschaftung eignen sich Tanganjika-Cichliden der oberen Beckenregionen (wie *Cyprichromis*).

Tüpfelbuntbarsch

Laetacara curviceps

Familie: Buntbarsche *(Cichlidae)*
Heimat: Einzugsgebiet des Amazonas. Flache, strömungsarme und pflanzenreiche Gewässer.
Länge: 6 bis 8 cm
Alter: bis 5 Jahre
Geschlechtsunterschied: Männchen mit länger ausgezogenen Flossen
Laichverhalten: Substratlaicher
Futter: Feines Lebendfutter sowie Trockenfutter und pflanzliche Nahrung.
Beckenmindestgröße: ab 100 Liter
Wasserqualität:
Temperatur: 24 bis 27° C
pH-Wert: 6 bis 7,5
Gesamthärte: 5 bis 19 °dGH

Haltung, Sozialverhalten und Vergesellschaftung:
Dicht bepflanztes Becken, ausgelegt mit feinem Kies oder Sand. Holz und Steine als Versteckmöglichkeit. Friedliche Fische, die sich mit fast allen Arten vergesellschaften lassen. Nur während der Brutpflege neigt der Fisch zu Aggressivität.

Karpfenartige *Cypriniformes*

Die Ordnung der Karpfenartigen gehört
zur Unterklasse der Strahlenflosser.
Typische Merkmale der Karpfenartigen
sind der stark vorgestülpte Mund
(häufig mit einigen Barteln besetzt),
der zahnlose Kiefer, die beschuppte
Haut, die fehlende Fettflosse sowie der
nackte Kopf- und Kiemendeckel. Die
Ordnung umfasst sechs Familien und
etwa 3730 Arten und belegt circa 12 %
aller Fischarten.

Der Calico-Schleierschwan (*Carassius auratus var. Calico*) gehört zur
Familie der Karpfenfische. Er fühlt sich besonders zwischen robusten
Pflanzen wohl (s. S. 76).

Bitterlingsbarbe

Puntius titteya

Familie: Karpfenfische *(Cyprinidae)*
Heimat: Südasien. Bodennah lebende
Art aus langsam fließenden Urwald-
bächen Sri Lankas.
Länge: bis 5 cm
Alter: bis 5 Jahre
Geschlechtsunterschied: Männchen
mit intensiveren Farben, auch außer-
halb der Laichzeit
Laichverhalten: Freilaicher
Futter: Kleinere Futtersorten. Lebend-,
Frost- und Flockenfutter mit einem
pflanzlichen Anteil.
Beckenmindestgröße: ab 80 Liter
Wasserqualität:
Temperatur: 22 bis 26°C
pH-Wert: 6,5 bis 7,5
Gesamthärte: 5 bis 19°dGH
**Haltung, Sozialverhalten
und Vergesellschaftung:**
Ruhiges, dicht bepflanztes Becken mit
dunklem Grund und vielen Rückzugsmög-
lichkeiten. Kleine Gruppen mit mindes-
tens sieben Fischen halten. Zur Vergesell-
schaftung eignen sich Fische ruhigerer
Art wie Labyrinthfische der Gattung
Colisa oder *Pseudosphromenus*.

Brokatbarbe

Puntius semifasciolatus

Familie: Karpfenfische *(Cyprinidae)*
Heimat: Ostasien. Zuchtform der
Messingbarbe aus Südostchina.
Länge: bis 7 cm
Alter: bis 6 Jahre
Geschlechtsunterschied: Weibchen
fülliger
Laichverhalten: Freilaicher
Futter: Alle gängigen Futtersorten.
Zufütterung mit pflanzlicher Nahrung
ratsam.
Beckenmindestgröße: ab 100 Liter
Wasserqualität:
Temperatur: 18 bis 24°C
pH-Wert: 6 bis 7,5
Gesamthärte: 5 bis 19°dGH
**Haltung, Sozialverhalten
und Vergesellschaftung:**
Lebhafter und neugieriger Gruppenfisch
(mindestens sechs Fische zusammen
halten), benötigt weichen Bodengrund
zum Gründeln. Reagiert aggressiv, wenn
die Besatzdichte zu hoch ist. Lebhafte
Fische wie Prachtbarben oder Ritter-
kärpflinge eignen sich gut zur Vergesellschaftung.

Calico-Schleierschwanz

Carassius auratus var. Calico

Familie: Karpfenfische *(Cyprinidae)*
Heimat: Zuchtform von *Carassius auratus*, die ursprünglich aus China stammt. Heute weltweit verbreitet.
Länge: 8 bis 12 cm
Alter: bis 25 Jahre
Geschlechtsunterschied: Geschlechter schwer zu unterscheiden
Laichverhalten: Freilaicher
Futter: Lebendfutter, Flocken-, Frostfutter sowie Pflanzen. Ballaststoffreiches Futter verwenden.
Beckenmindestgröße: ab 100 Liter
Wasserqualität:
Temperatur: 15 bis 25° C
pH-Wert: 6,5 bis 8
Gesamthärte: 10 bis 30 °dGH
Haltung, Sozialverhalten und Vergesellschaftung:
Aquarium mit guter Filterung und robusten Pflanzen. Weicher Bodengrund zum Gründeln. Vergesellschaftung im Artenbecken, zum Beispiel mit Schleierschwänzen.

Fünfgürtelbarbe

Puntius pentazona

Familie: Karpfenfische *(Cyprinidae)*
Heimat: Südostasien. Flachlandgewässer auf Borneo, in Singapur und Malaysia.
Länge: 5 bis 7 cm
Alter: bis 5 Jahre
Geschlechtsunterschied: Weibchen fülliger, Männchen mit deutlich röteren Bauchflossen
Laichverhalten: Freilaicher
Futter: Neben Lebendfutter (Cyclops, Artemien) wird auch Flockenfutter und pflanzliche Kost akzeptiert.
Beckenmindestgröße: ab 80 Liter
Wasserqualität:
Temperatur: 24 bis 27° C
pH-Wert: 5,5 bis 6,8
Gesamthärte: 5 bis 12 °dGH
Haltung, Sozialverhalten und Vergesellschaftung:
Dunkles Becken mit viel Schwimmraum und robusten, nicht zu dicht gesetzten Pflanzen. Weicher Grund. Gruppenweise (mindestens sechs Tiere) halten. Scheue Fische, die sich gut mit ruhigen Arten der Gattung *Rasbora* und Schmerlen (Pangio) vergesellschaften lassen.

Goldfisch

Carassius auratus auratus

Familie: Karpfenfische *(Cyprinidae)*
Heimat: Zuchtform von *Carassius auratus*, die ursprünglich aus China stammt. Heute weltweit verbreitet.
Länge: bis 35 cm
Alter: bis 30 Jahre
Geschlechtsunterschied: Weibchen fülliger, Männchen zur Laichzeit mit Laichausschlag
Laichverhalten: Freilaicher
Futter: Lebendfutter, Flocken-, Frostfutter sowie Pflanzen. Ballaststoffreiches Futter verwenden.
Beckenmindestgröße: ab 200 Liter
Wasserqualität:
Temperatur: 15 bis 25° C
pH-Wert: 6,5 bis 8
Gesamthärte: 10 bis 30 °dGH

Haltung, Sozialverhalten und Vergesellschaftung:
Als Gruppe in Aquarien mit guter Filterung und robusten Pflanzen. Weicher Bodengrund zum Gründeln. Vergesellschaftung im Artenbecken, zum Beispiel mit Schleierschwänzen.

Kardinalfisch

Tanichthys albonubes

Familie: Karpfenfische *(Cyprinidae)*
Heimat: Bergbäche in der Nähe von Hongkong. China und Vietnam.
Länge: 4 bis 5 cm
Alter: bis 9 Jahre
Geschlechtsunterschied: Männchen schlanker und stärker gefärbt als die Weibchen
Laichverhalten: Freilaicher
Futter: Lebend-, Trocken- und Frostfutter
Beckenmindestgröße: ab 50 Liter
Wasserqualität:
Temperatur: 18 bis 23° C
pH-Wert: 6 bis 8
Gesamthärte: 5 bis 19 °dGH
Haltung, Sozialverhalten und Vergesellschaftung:
Nicht zu helles und locker bepflanztes Becken. Schwarm mit mindestens acht Exemplaren in einem nicht zu warmen Becken halten. Zur Vergesellschaftung eignen sich Zebra-Bärblinge *(Danio rerio)* und Eilandbarben *(Puntius oligolepis)*.

Keilfleckbarbe

Trigonostigma heteromorpha

Familie: Karpfenfische *(Cyprinidae)*
Heimat: Südostasien. Schwarzwasserbäche und -sümpfe in Malaysia, Indonesien und Thailand.
Länge: 4 bis 5 cm
Alter: bis 6 Jahre
Geschlechtsunterschied: Männchen schlanker und der untere Teil des Keilflecks ist bei ihnen spitzer ausgezogen
Laichverhalten: Substratlaicher
Futter: Nimmt alle kleineren Futtersorten, besonders gerne Lebendfutter wie schwarze Mückenlarven.
Beckenmindestgröße: ab 50 Liter
Wasserqualität:
Temperatur: 22 bis 26° C
pH-Wert: 5 bis 7
Gesamthärte: 5 bis 15 °dGH
Haltung, Sozialverhalten und Vergesellschaftung:
Becken mit Torffilterung oder Zusatz von Torfextrakt. Nur im Schwarm ab acht Tieren in nicht zu hellem Becken halten. Zur Vergesellschaftung eignen sich Labyrinthfische, Schmerlen und Glühlichtbärblinge.

Odessabarbe

Puntius padamya

Familie: Karpfenfische *(Cyprinidae)*
Heimat: Südostasien. Kleine und mitt-
lere Fließgewässer in Myanmar (Burma).
Länge: bis 7 cm
Alter: bis 6 Jahre
Geschlechtsunterschied: Männchen
bunter, Weibchen fülliger
Laichverhalten: Freilaicher
Futter: Alle kleineren Futtersorten.
Auch pflanzliche Nahrung.
Beckenmindestgröße: ab 150 Liter
Wasserqualität:
Temperatur: 22 bis 26°C
pH-Wert: 6 bis 7
Gesamthärte: 5 bis 19°dGH

**Haltung, Sozialverhalten
und Vergesellschaftung:**
Schwarmfisch (Schwarm von 10 bis
15 Fischen) für Becken mit leichter
Strömung und lockerer Bepflanzung.
Lebhafte Art. Zur Vergesellschaftung
eignen sich Schmerlen und Bärblinge
der Gattung *Danio*.

Rote/Hengels Keilfleckbarbe

Trigonostigma hengeli

Familie: Karpfenfische *(Cyprinidae)*
Heimat: Südostasien. Kleinere Regen-
waldbäche in Indonesien, Borneo und
Sumatra.
Länge: 2 bis 3 cm
Alter: bis 6 Jahre
Geschlechtsunterschied: Männchen
schlanker
Laichverhalten: Freilaicher
Futter: Nimmt alle kleineren Futtersor-
ten, besonders gerne Lebendfutter wie
schwarze Mückenlarven.
Beckenmindestgröße: ab 50 Liter
Wasserqualität:
Temperatur: 23 bis 27°C
pH-Wert: 6 bis 7
Gesamthärte: 3 bis 10 °dGH
**Haltung, Sozialverhalten
und Vergesellschaftung:**
Nicht zu helles Aquarium, ausgestattet
mit Schwimmpflanzen und Torffilterung.
Ruhige Fischart, die im Schwarm ab
acht Tieren gehalten wird. Zur Vergesellschaftung eignen sich Fadenfische
oder kleinere Schmerlen.

Roter Löwenkopf

Carassius auratus var. Red Lionhead

Familie: Karpfenfische *(Cyprinidae)*
Heimat: Zuchtform von *Carassius aura-
tus*, die ursprünglich aus China stammt.
Heute weltweit verbreitet.
Länge: 8 bis 12 cm
Alter: bis 25 Jahre
Geschlechtsunterschied: Geschlechter
schwer zu unterscheiden
Laichverhalten: Freilaicher
Futter: Lebendfutter, Flocken-, Frostfut-
ter sowie Pflanzen. Ballaststoffreiches
Futter verwenden.
Beckenmindestgröße: ab 100 Liter
Wasserqualität:
Temperatur: 15 bis 25°C
pH-Wert: 6,5 bis 8
Gesamthärte: 10 bis 30 °dGH
**Haltung, Sozialverhalten
und Vergesellschaftung:**
In Aquarien mit guter Filterung und
robusten Pflanzen. Weicher Boden-
grund, da sie gerne gründeln. Vergesell-
schaftung mit anderen Fischen im
Artenbecken.

Roter Schleierschwanz

Carassius auratus var. Red

Familie: Karpfenfische *(Cyprinidae)*
Heimat: Zuchtform von *Carassius aura-tus*, die ursprünglich aus China stammt. Heute weltweit verbreitet.
Länge: 8 bis 12 cm
Alter: bis 25 Jahre
Geschlechtsunterschied: Geschlechter schwer zu unterscheiden
Laichverhalten: Freilaicher
Futter: Lebendfutter, Flocken-, Frostfutter sowie Pflanzen. Ballaststoffreiches Futter verwenden.
Beckenmindestgröße: ab 100 Liter
Wasserqualität:
Temperatur: 15 bis 25°C
pH-Wert: 6,5 bis 8
Gesamthärte: 10 bis 30°dGH

Haltung, Sozialverhalten und Vergesellschaftung:
In Aquarien mit guter Filterung und robusten Pflanzen. Weicher Bodengrund, da sie gerne gründeln. Vergesellschaftung mit anderen Fischen im Artenbecken.

Rotkäppchen-Schleierschwanz

Carassius auratus var. Red-Cap

Familie: Karpfenfische *(Cyprinidae)*
Heimat: Zuchtform von *Carassius auratus*, die ursprünglich aus China stammt. Heute weltweit verbreitet.
Länge: 8 bis 12 cm
Alter: bis 25 Jahre
Geschlechtsunterschied: Geschlechter schwer zu unterscheiden
Laichverhalten: Freilaicher
Futter: Lebendfutter, Flocken-, Frostfutter sowie Pflanzen. Ballaststoffreiches Futter verwenden.
Beckenmindestgröße: ab 100 Liter
Wasserqualität:
Temperatur: 15 bis 25° C
pH-Wert: 6,5 bis 8
Gesamthärte: 10 bis 30 °dGH
Haltung, Sozialverhalten und Vergesellschaftung:
In Aquarien mit guter Filterung und robusten Pflanzen. Weicher Bodengrund, da sie gerne gründeln. Vergesellschaftung mit anderen Fischen im Artenbecken.

Sumatrabarbe

Puntius tetrazona

Familie: Karpfenfische (*Cyprinidae*)
Heimat: Südostasien. Uferzonen mit dichter Randbepflanzung in Sumatra und Borneo. Im Handel findet man jedoch nur Nachzuchten dieser Art (*Puntius anchisporus*), die echten *Puntius tetrazona* wurden noch nie importiert.
Länge: bis 7 cm
Alter: bis 7 Jahre
Geschlechtsunterschied: Rückenflosse der Männchen etwas kräftiger gefärbt und kleiner als die der Weibchen
Laichverhalten: Freilaicher
Futter: Trocken-, Lebend- und Frostfutter sowie frisches Gemüse.
Beckenmindestgröße: ab 112 Liter
Wasserqualität:
Temperatur: 21 bis 28° C
pH-Wert: 6 bis 8
Gesamthärte: 5 bis 20 °dGH
Haltung, Sozialverhalten und Vergesellschaftung:
Becken mit gut gefiltertem Wasser, Strömung, dichter Bepflanzung und viel Schwimmraum. Gruppe mit mindestens 10 Exemplaren, keinesfalls allein halten, sonst lässt sie ihren Spieltrieb an anderen Mitbewohnern aus. Nicht mit Langflossern und Fadenfischen vergesellschaften, da sie recht bissig ist und gerne an langen Flossen und Barteln zupft.

Zebra-Bärbling

Danio rerio

Familie: Karpfenfische *(Cyprinidae)*
Heimat: Südostasien. Stehende und langsam fließende Gewässer von Pakistan, Indien, Bangladesch bis Myanmar.
Länge: 5 bis 6 cm
Alter: bis 7 Jahre
Geschlechtsunterschied: Männchen etwas kleiner und schlanker
Laichverhalten: Freilaicher
Futter: Nimmt alle gängigen kleinen Futtersorten sowie pflanzliche Nahrung.
Beckenmindestgröße: ab 100 Liter
Wasserqualität:
Temperatur: 20 bis 26° C
pH-Wert: 6 bis 8
Gesamthärte: 5 bis 19 °dGH

Haltung, Sozialverhalten und Vergesellschaftung:
Langgestrecktes Becken mit leichter Strömung, ausgestattet mit dichten, feinfiedrigen Wasserpflanzen. Kies als Bodengrund verwenden. Schwimmfreudiger und lebhafter Fisch. Als Schwarm von mindestens sieben Tieren halten. Vergesellschaftung mit einer ruhigen Fischart sollte vermieden werden, stattdessen mit Fischen vergesellschaften, die ebenso eine Strömung im Wasser bevorzugen.

Salmler *Characiformes*

Die Salmlerartigen sind eine Ordnung der Knochenfische. Sie umfasst etwa 1900 Arten, so auch die Piranhas, in ca. 270 Gattungen und 18 Familien. Die Ordnung zeichnet sich durch den sogenannten Weberschen Apparat, eine Reihe knöchriger Strukturen zwischen Schwimmblase und dem inneren Ohr, aus. Die meisten Salmlerartigen besitzen eine kleine Fettflosse zwischen Rücken- und Schwanzflosse sowie kräftige Zähne.

Der Rote Neon (*Paracheirodon axelrodi*) gehört zu der Ordnung der Salmlerartigen. Seine Ansprüche an Wasserqualität und Haltung sind denen des Blauen Neon gleichzusetzen (s. S. 87).

Afrikanischer Mondsalmler

Bathyaethiops caudomaculatus

Familie: Afrikanische Salmler
(Alestiidae)
Heimat: Afrika. Kongo-Einzug, Demo-
kratische Republik Kongo und Kongo
(Sangha-Fluß).
Länge: 6 bis 8 cm
Alter: bis 4 Jahre
Geschlechtsunterschied: Männchen
mit größeren Flossen, Weibchen etwas
fülliger
Laichverhalten: Freilaicher
Futter: Nimmt alle gängigen, kleineren
Futtersorten.
Beckenmindestgröße: ab 100 Liter
Wasserqualität:
Temperatur: 23 bis 27° C
pH-Wert: 6,3 bis 7,3
Gesamthärte: 5 bis 12 °dGH

**Haltung, Sozialverhalten
und Vergesellschaftung:**
Gut bepflanztes, nicht zu hell beleuch-
tetes Becken mit viel Schwimmraum.
Leichte Strömung und häufiger Teilwasserwechsel. Gruppenweise halten
(etwa zehn Fische). Zur Vergesellschaftung eignen sich zentralafrikanische
Zwergbuntfische wie *Nanochromis*.

Blauer Barberos-Tetra

Mimagoniates microlepis

Familie: Echte Salmler *(Characidae)*
Heimat: Südamerika. Küstennahe Bäche im Südosten Brasiliens von Rio Grande do Sul bis Bahia.
Länge: 6 bis 9 cm
Alter: bis 4 Jahre
Geschlechtsunterschied: Männchen größer und farbiger, Weibchen etwas fülliger
Laichverhalten: Freilaicher
Futter: Kleines Lebendfutter wie Mückenlarven. Auch Frost- und Trockenfutter.
Beckenmindestgröße: ab 150 Liter
Wasserqualität:
Temperatur: 20 bis 25° C
pH-Wert: 6,0 bis 7,5
Gesamthärte: 5 bis 19 °dGH
Haltung, Sozialverhalten und Vergesellschaftung:
Becken mit ausreichend Schwimmraum und leichter Strömung. Lockere Randbepflanzung. Quirliger Fisch, pro Männchen zwei oder mehr Weibchen halten.

Blauer Kongosalmler

Phenacogrammus interruptus

Familie: Afrikanische Salmler *(Alestiidae)*
Heimat: Afrika. Die oberen und klaren Gewässerschichten des Kongobeckens in Zaire (Kongo).
Länge: 6 bis 9 cm
Alter: bis 10 Jahre
Geschlechtsunterschied: Männchen mit intensiveren Farben und lang ausgezogenen Flossen
Laichverhalten: Freilaicher
Futter: Insektenfresser. Frostfutter, Mückenlarven oder pflanzliches Trockenfutter.
Beckenmindestgröße: ab 200 Liter
Wasserqualität:
Temperatur: 23 bis 27° C
pH-Wert: 6,0 bis 7,8
Gesamthärte: 5 bis 19 °dGH
Haltung, Sozialverhalten und Vergesellschaftung:
Becken mit großzügigem Schwimmraum und vielen Versteckmöglichkeiten. Schwimmpflanzen als Deckung für die scheuen Fische. Schwarm von mindestens sechs Tieren halten. Nicht mit flossenzupfenden Arten vergesellschaften.

Blauer Neon

Paracheirodon simulans

Familie: Echte Salmler *(Characidae)*
Heimat: Südamerika. Im oberen Rio Negro in Brasilien, in klaren Bachbereichen.
Länge: bis 3,5 cm
Alter: bis 9 Jahre
Geschlechtsunterschied: Weibchen etwas fülliger
Laichverhalten: Freilaicher
Futter: Nimmt feines Lebend-, Frost- und Trockenfutter.
Beckenmindestgröße: ab 80 Liter
Wasserqualität:
Temperatur: 23 bis 27° C
pH-Wert: 5,5 bis 6,0
Gesamthärte: 3 bis 10 °dGH

Haltung, Sozialverhalten und Vergesellschaftung:
Mindestens 15–20 Tiere in Becken mit reichlich Pflanzenwuchs und dunklerem Bodengrund. Häufiger Wasserwechsel empfehlenswert. Ruhiger Schwarmfisch, der mit friedlichen Arten wie Zwergziersalmlern oder kleinen Panzerwelsen vergesellschaftet werden kann. Nicht mit großen Cichliden und Skalaren halten!

Glühlicht-Salmler

Hemigrammus erythrozonus

Familie: Echte Salmler *(Characidae)*
Heimat: Südamerika. Schattige Gewässerbereiche des Essequibo River in Guyana.
Länge: bis 4 cm
Alter: bis 5 Jahre
Geschlechtsunterschied: Männchen etwas kleiner und schlanker als Weibchen
Laichverhalten: Freilaicher
Futter: Lebendfutter wie Mückenlarven, Kleinkrebse oder Wasserflöhe. Auch feines Flockenfutter.
Beckenmindestgröße: ab 60 Liter
Wasserqualität:
Temperatur: 24 bis 28°C
pH-Wert: 6,0 bis 7,8
Gesamthärte: 5 bis 12°dGH
Haltung, Sozialverhalten und Vergesellschaftung:
Becken mit torfgefiltertem Wasser, gedämpftem Licht und dunklem Bodengrund. Friedlicher Schwarmfisch (acht bis zehn Tiere), der sich problemlos vergesellschaften lässt.

Karfunkel-Salmler

Hemigrammus pulcher

Familie: Echte Salmler *(Characidae)*
Heimat: Südamerika. Klare Gewässer im oberen Amazonasgebiet, vor allem im peruanischen Teil.
Länge: bis 4,5 cm
Alter: bis 2 Jahre
Geschlechtsunterschied: Weibchen etwas fülliger
Laichverhalten: Freilaicher
Futter: Alle kleinen Futtersorten. Besonders gerne Anflugnahrung und schwarze Mückenlarven.
Beckenmindestgröße: ab 50 Liter
Wasserqualität:
Temperatur: 23 bis 27°C
pH-Wert: 6,0 bis 7,5
Gesamthärte: 5 bis 12°dGH
Haltung, Sozialverhalten und Vergesellschaftung:
Becken mit gedämpften Licht, dunklem Bodengrund und lockerer Bepflanzung. Gut gefiltertes, klares Wasser, häufiger Teilwasserwechsel. Schwarmfisch (mindestens zehn Exemplare). Zur Vergesellschaftung eignen sich friedliche südamerikanische Welse oder Salmler.

Kupfersalmler

Hasemania nana

Familie: Echte Salmler *(Characidae)*
Heimat: Südamerika. Schwarzwasser-
bäche des östlichen Brasiliens außer-
halb Amazoniens.
Länge: 4 bis 5 cm
Alter: bis 4 Jahre
Geschlechtsunterschied: Weibchen
blasser und fülliger
Laichverhalten: Freilaicher
Futter: Nimmt alle kleineren Futter-
sorten. Auf Abwechslung im Futterplan
achten.
Beckenmindestgröße: ab 50 Liter
Wasserqualität:
Temperatur: 22 bis 27° C
pH-Wert: 6,0 bis 7,8
Gesamthärte: 5 bis 19 °dGH

**Haltung, Sozialverhalten
und Vergesellschaftung**:
Gruppe von mindestens sechs bis acht
Fischen in locker bepflanztem und dunkel eingerichtetem Becken. Lebhafter
und friedfertiger Fisch, der sich gut mit
kleinen Harnisch- oder Panzerwelsen
sowie kleinen Salmlern der oberen Be-
ckenregion (Spritzsalmler) vergesellschaften lässt.

Prachtkopfsteher

Anostomus anostomus

Familie: Engmaulsalmler *(Anostomidae)*
Heimat: Südamerika. Amazonas- und Orinoco-Becken.
Länge: 16 bis 18 cm
Alter: bis 15 Jahre
Geschlechtsunterschied: Weibchen größer und etwas fülliger
Laichverhalten: Freilaicher
Futter: Vor allem viel Pflanzenkost (z. B. Grünalgen). Zusätzlich feines Lebend-, Frost- und Trockenfutter.
Beckenmindestgröße: ab 400 Liter
Wasserqualität:
Temperatur: 22 bis 28°C
pH-Wert: 6,0 bis 7,5
Gesamthärte: 5 bis 19 °dGH

Haltung, Sozialverhalten und Vergesellschaftung:
Großzügiges Becken mit Versteckmöglichkeiten (Wurzeln, Steinhöhlen) und Schwimmpflanzendecke. Als Gruppe von etwa acht Tieren halten. Zur Vergesellschaftung eignen sich größere Salmler aus den Gattungen *Hyphessobrycon*, *Gasteropelecus* und *Thoracocharax*.

Rotaugen-Moenkhausia

Moenkhausia sanctaefilomenase

Familie: Echte Salmler *(Characidae)*
Heimat: Südamerika. Südlich des
Amazonasbeckens (Rio Paranaiba,
Rio Paraguay).
Länge: bis 7 cm
Alter: bis 9 Jahre
Geschlechtsunterschied: Weibchen
etwas fülliger
Laichverhalten: Freilaicher
Futter: Nimmt kleinere Futtersorten
wie feines Flocken- und Lebendfutter.
Beckenmindestgröße: ab 100 Liter
Wasserqualität:
Temperatur: 23 bis 26°C
pH-Wert: 6,0 bis 7,5
Gesamthärte: 5 bis 19 °dGH
**Haltung, Sozialverhalten
und Vergesellschaftung**:
Aquarium mit dunklem Bodengrund,
lockerer Bepflanzung, viel Schwimmraum
und guter Strömung. Schwarmfisch, der
gut für ein Gesellschaftsbecken geeignet
ist. Vergesellschaftung nur mit robusten
Fischarten wie Salmlern, Welsen *(Corydoras* und Harnischwelse) und Zwerg-
cichliden (wie etwa *Apistogramma
cacatuoides*). Nicht mit Arten vergesellschaften, die zum Flossenzupfen neigen.

Roter von Rio

Hyphessobrycon flammeus

Familie: Echte Salmler *(Characidae)*
Heimat: Langsam fließende Gewässer in
der Gegend rund um die brasilianische
Stadt Rio de Janeiro.
Länge: bis 4 cm
Alter: bis 4 Jahre
Geschlechtsunterschied: Weibchen
blasser und etwas fülliger
Laichverhalten: Freilaicher
Futter: Nimmt alle kleineren Futtersor-
ten. Besonders gerne auch Lebendfutter
wie Mückenlarven.
Beckenmindestgröße: ab 50 Liter
Wasserqualität:
Temperatur: 22 bis 27°C
pH-Wert: 6,5 bis 7,0
Gesamthärte: 5 bis 20 °dGH
**Haltung, Sozialverhalten
und Vergesellschaftung**:
Friedlicher Schwarmfisch (mindestens
sechs bis acht Tiere halten) für dunkel
eingerichtetes und locker bis dicht be-
pflanztes Aquarium (Schwimmpflanzen).
Vergesellschaftung mit kleinen, friedlichen Arten ideal.

Schlusslichtsalmler

Hemigrammus ocellifer

Familie: Echte Salmler *(Characidae)*
Heimat: Südamerika. Langsam flie-
ßende Gewässer Amazoniens und
Guyanas.
Länge: bis 5 cm
Alter: bis 6 Jahre
Geschlechtsunterschied: Weibchen
fülliger und farbloser
Laichverhalten: Freilaicher
Futter: Feines Trocken- und Frostfutter
Beckenmindestgröße: ab 100 Liter
Wasserqualität:
Temperatur: 23 bis 27° C
pH-Wert: 6,0 bis 7,5
Gesamthärte: 5 bis 19 °dGH
**Haltung, Sozialverhalten
und Vergesellschaftung:**
Dicht bepflanztes Becken mit schwa-
cher Beleuchtung und dunklem Boden-
grund. Schwarmfisch, mit mindestens
acht Tieren halten. Zur Vergesellschaf-
tung eignen sich kleine bis mittelgroße
südamerikanische Salmler oder Welse.

Schmucksalmler

Hyphessobrycon rosaceus

Familie: Echte Salmler *(Characidae)*
Heimat: Südamerika. Im Einzugsbereich
des mittleren und unteren Amazonas.
Länge: 4 bis 5 cm
Alter: bis 3 Jahre
Geschlechtsunterschied: Rückenflosse
des Männchens spitz zulaufend, beim
Weibchen abgerundet
Laichverhalten: Freilaicher
Futter: Alle kleinen Futtersorten.
Besonders lebende Obstfliegen sowie
schwarze Mückenlarven.
Beckenmindestgröße: ab 80 Liter
Wasserqualität:
Temperatur: 24 bis 27° C
pH-Wert: 6,0 bis 7,5
Gesamthärte: 5 bis 20 °dGH
**Haltung, Sozialverhalten
und Vergesellschaftung:**
Lebhafter Fisch, der nitratarmes Wasser
mag. Als Gruppenfisch (mindestens
sechs bis acht Tiere) in locker bepflanz-
tem Becken mit geringer Strömung
halten. Lässt sich gut mit vielen Arten
vergesellschaften.

Schwarzer Neon

Hyphessobrycon herbertaxelrodi

Familie: Echte Salmler *(Characidae)*
Heimat: Südamerika. Rio Taquari
(Nebenfluss vom Rio Paraguay),
Mato-Grosso-Gebiet, Brasilien.
Länge: bis 4 cm
Alter: bis 9 Jahre
Geschlechtsunterschied: Weibchen
etwas größer und fülliger mit stärker
gebogener Bauchlinie
Laichverhalten: Freilaicher
Futter: Feines Lebend- und Frostfutter
sowie Trockenfutter. Abwechslung im
Futterplan ist wichtig.
Beckenmindestgröße: ab 60 Liter
Wasserqualität:
Temperatur: 23 bis 27° C
pH-Wert: 5,5 bis 7,5
Gesamthärte: 5 bis 15 °dGH

**Haltung, Sozialverhalten
und Vergesellschaftung:**
Becken mit gedämpftem Licht, dunklem
Bodengrund, dichter Randbepflanzung
und leichter Wasserströmung. Gruppe
von mindestens acht Tieren halten.
Friedfertiger Schwarmfisch, der sich mit
vielen Arten vergesellschaften lässt.

Welsartige *Siluriformes*

Die Welsartigen sind eine Ordnung der
Knochenfische, die mit rund 3335 Arten
in 38 Familien hauptsächlich in Süßgewässern verbreitet ist. Es gibt gepan-
zerte und schuppenlose Arten. Auffäl-
ligstes Merkmal der Welsartigen sind
ie recht langen Barteln, die in unter-
schiedlicher Anzahl auftreten können.

**Der Orangenflossen-Panzerwels (*Corydoras sterbai*)
ist ein kleiner Vertreter der Panzerwelse (s. S. 97).**

Adolfos Panzerwels

Corydoras adolfoi

Familie: Panzerwelse/Schwielenwelse *(Callichthyidae)*
Heimat: Rio-Negro-Becken
Länge: 4 bis 6 cm
Alter: bis 5 Jahre
Geschlechtsunterschied: Männchen etwas größer
Laichverhalten: Substratlaicher
Futter: Lebend-, Frost- und Trockenfutter
Beckenmindestgröße: ab 60 Liter
Wasserqualität:
Temperatur: 24 bis 29° C
pH-Wert: 5,0 bis 7,5
Gesamthärte: 2 bis 10 °dGH
Haltung, Sozialverhalten und Vergesellschaftung:
Lebhafter Fisch, der Sand zum Wühlen und Verstecken braucht. Gruppenhaltung aus fünf oder mehr Artgenossen.

Blauer Antennenwels

Ancistrus spec.

Familie: Harnischwelse *(Loricariidae)*
Heimat: Südamerika. Im Einzugsgebiet des Amazonas.
Länge: bis 14 cm
Alter: bis 19 Jahre
Geschlechtsunterschied: Männchen mit „Antennen" (tentakelähnlichen Hautauswüchsen) am Kopf
Laichverhalten: Substratlaicher
Futter: Grün- und Trockenfutter. Algen- und Aufwuchsfresser.
Beckenmindestgröße: ab 100 Liter
Wasserqualität:
Temperatur: 22 bis 28° C
pH-Wert: 6,0 bis 7,8
Gesamthärte: 5 bis 25 °dGH
Haltung, Sozialverhalten und Vergesellschaftung:
Becken mit klarem, sauerstoffreichem Wasser und vielen Holzwurzeln zum Abraspeln sowie Wurzel- und Höhlenverstecken. Paarweise Haltung, wobei jedes Männchen seinen eigenen Bereich bekommt. Fischart, die gerne zur Algenbekämpfung eingesetzt wird. Deshalb für ausreichend Grünalgenpolster im Becken sorgen. Vergesellschaftung mit anderen friedlichen, gleich großen Fischen außer Barschen und anderen Welsen.

Metall-Panzerwels

Corydoras aeneus

Familie: Schwielenwelse
(Callichthyidae)
Heimat: Südamerika. Weichgründige Gewässerbereiche. Von Venezuela bis zum Rio de la Plata.
Länge: 6 bis 8 cm
Alter: bis 13 Jahre
Geschlechtsunterschied: Weibchen fülliger
Laichverhalten: Substratlaicher
Futter: Trockenfutter mit Lebendfutter (Tubifex) und pflanzlichem Futter abwechseln.
Beckenmindestgröße: ab 100 Liter
Wasserqualität:
Temperatur: 24 bis 28 °C
pH-Wert: 6,0 bis 7,8
Gesamthärte: 2 bis 20 °dGH

Haltung, Sozialverhalten und Vergesellschaftung:
Becken mit weichem Bodengrund (feiner Sand) und Unterschlupfmöglichkeiten. In Gruppen (mindestens fünf Tiere) halten. Vergesellschaftung nicht mit ruppigen oder großen Fischen. Gute Beckenpartner sind verschiedene Salmler- und Welsarten aus Südamerika.

Orangenflossen-Panzerwels

Corydoras sterbai

Familie: Schwielenwelse (*Callichthyidae*)
Heimat: Südamerika. Weichgründige Gewässerbereiche des brasilianischen Rio Guaporé.
Länge: bis 6 cm
Alter: bis 7 Jahre
Geschlechtsunterschied: Weibchen etwas größer und fülliger
Laichverhalten: Substratlaicher
Futter: Abwechslungsreiche Kost: feines Lebend-, Frost- und Trockenfutter.
Beckenmindestgröße: ab 100 Liter
Wasserqualität:
Temperatur: 23 bis 28°C
pH-Wert: 6,0 bis 7,5
Gesamthärte: 2 bis 19 °dGH
Haltung, Sozialverhalten und Vergesellschaftung:
Gruppenweise im Becken mit sandigem Boden und leichter Wasserströmung halten. Dichte Randbepflanzung und Moorkienwurzeln als Unterschlupf. Ein regelmäßiger Wasserwechsel erhöht die Aktivität dieser ansonsten eher zurück-haltenden Welse. Eine Vergesellschaftung kann grundsätzlich mit Salmlern, anderen Welsen und Buntbarschen erfolgen. Ge-nerell sollten die anderen Arten ruhiger sein und keine großen Territorien bilden.

Stromlinien-Panzerwels

Corydoras arcuatus

Familie: Schwielenwelse
(*Callichthyidae*)
Heimat: Südamerika. Schnell fließende, sauerstoffreiche Gewässer in den oberen Zuflüssen des Amazonas.
Länge: 5 bis 6 cm
Alter: bis 8 Jahre
Geschlechtsunterschied: Weibchen fülliger
Laichverhalten: Substratlaicher
Futter: Abwechslungsreiche Kost: feines Lebend-, Frost- und Trockenfutter.
Beckenmindestgröße: ab 80 Liter
Wasserqualität:
Temperatur: 22 bis 26°C
pH-Wert: 6,0 bis 7,5
Gesamthärte: 2 bis 19 °dGH
Haltung, Sozialverhalten und Vergesellschaftung:
Becken mit feinsandigem Bodengrund, Randbepflanzung sowie Moorkienwur-zeln als Rastplatz. Sauerstoffreiches und gut gefiltertes Wasser, regelmäßiger Wasserwechsel. Die Haltung dieser friedlichen Welse erfolgt am besten in einer kleinen Gruppe. Nicht mit sehr dominanten Fischen vergesellschaften.

Zahnkärpflinge *Cyprinodontiformes*

Die Zahnkärpflinge sind eine Ordnung
der Echten Knochenfische. Typisch ist
ihre Farbenpracht und Anpassungsfähig-
keit. Diese Eigenschaften machen sie
sehr beliebt. Zu der Ordnung der Zahnkärpflinge gehören acht Familien und
etwa 1150 Arten.

**Der Guppy (*Poecillia reticulata*) ist einer der beliebtesten
Süßwasser-Aquariumfische (s. S. 103).**

Black Molly

Poecilia sphenops var. Black

Familie: Lebendgebärende Zahnkarpfen (*Poeciliidae*)
Heimat: Zuchtform von *Poecilia sphenops*, die in langsam fließenden Gewässern Mittelamerikas lebt.
Länge: 6 bis 10 cm
Alter: bis 5 Jahre
Geschlechtsunterschied: Weibchen etwas größer und runder
Laichverhalten: Lebendgebärend
Futter: Vor allem Pflanzenkost. Algen als Zusatzfutter. Auch Trockenfutter und Mückenlarven.
Beckenmindestgröße: ab 100 Liter
Wasserqualität:
Temperatur: 24 bis 28° C
pH-Wert: 7,2 bis 8,2
Gesamthärte: 11 bis 30 °dGH
Haltung, Sozialverhalten und Vergesellschaftung:
Becken mit üppiger Vegetation und Versteckmöglichkeiten. Gruppenweise, mindestens fünf Exemplare, halten. Sollten die gehaltenen Fische krankheitsanfällig sein, hilft oft ein Salzzusatz. Bei einem Gesellschaftsbecken empfiehlt sich eine Auswahl von Tieren, die diesen Salzgehalt ebenfalls tolerieren.

Bunter Prachtkärpfling

Aphyosemion australe

Familie: Prachtkärpflinge (*Aplocheilidae*)
Heimat: Afrika. Schattige Bäche der Küstenniederung Gabuns im tropischen Westafrika.
Länge: bis 6 cm
Alter: bis 4 Jahre
Geschlechtsunterschied: Männchen bunter, größer und mit lang ausgezogenen Flossen
Laichverhalten: Bodenlaicher
Futter: Kleines Lebendfutter. Auch Frostfutter möglich. Mückenlarven.
Beckenmindestgröße: ab 50 Liter
Wasserqualität:
Temperatur: 21 bis 24° C
pH-Wert: 6,0 bis 7,2
Gesamthärte: 5 bis 12 °dGH
Haltung, Sozialverhalten und Vergesellschaftung:
In abgedecktem Becken mit Schwimmpflanzenschicht. Als Gruppe mit Weibchenüberschuss halten. Zur Vergesellschaftung eignen sich kleine afrikanische Barben oder Leuchtaugenfische.

Endlers Guppy

Poecilia wingei

Familie: Lebendgebärende Zahnkarpfen *(Poeciliidae)*
Heimat: Südamerika. Süßwasser-Lagune im Nordosten Venezuelas.
Länge: 3 bis 5 cm
Alter: bis 2 Jahre
Geschlechtsunterschied: Männchen farbenprächtiger, kleiner und mit Begattungsorgan (Gonopodium)
Laichverhalten: Lebendgebärend
Futter: Abwechslungsreiche Kost mit kleineren Futtersorten. Auch Artemia-Nauplien und pflanzenhaltige Kost.
Beckenmindestgröße: ab 50 Liter
Wasserqualität:
Temperatur: 24 bis 28° C
pH-Wert: 6,8 bis 7,8
Gesamthärte: 10 bis 25 °dGH

Haltung, Sozialverhalten und Vergesellschaftung:
Gut bepflanztes und hell erleuchtetes Becken. Gruppenhaltung mit mehr Weibchen als Männchen. Endlers Guppys sollten nicht mit anderen, nah verwandten Arten der Gattung *Poecilia* vergesellschaftet werden, da es ansonsten zu Kreuzungen kommen kann.

Gestreifter Prachtkärpfling

Aphyosemion striatum

Familie: Prachtkärpflinge *(Aplocheilidae)*
Heimat: Westafrika. Flache Uferregionen kleiner Regenwaldbäche in Gabun.
Länge: bis 6 cm
Alter: bis 5 Jahre
Geschlechtsunterschied: Männchen bunter, größer und mit lang ausgezogenen Flossen
Laichverhalten: Bodenlaicher
Futter: Kleines Lebendfutter, Mückenlarven
Beckenmindestgröße: ab 50 Liter
Wasserqualität:
Temperatur: 21 bis 24°C
pH-Wert: 6,0 bis 7,2
Gesamthärte: 5 bis 12°dGH
**Haltung, Sozialverhalten
und Vergesellschaftung**:
In abgedecktem Becken mit Schwimmpflanzenschicht. Als Gruppe mit Weibchenüberschuss halten. Zur Vergesellschaftung eignen sich Hechtlinge, afrikanische Barben oder Leuchtaugenfische.

Goldener Streifenhechtling

Aplocheilus lineatus var. Gold

Familie: Prachtkärpflinge *(Aplocheilidae)*
Heimat: Zuchtform von *Aplocheilus lineatus,* die in Sri Lanka und Indien lebt.
Länge: bis 10 cm
Alter: 2 bis 3 Jahre
Geschlechtsunterschied: Männchen größer und farbiger
Laichverhalten: Freilaicher
Futter: Insektenfutter, kleines Lebendfutter, auch Trockenfutter.
Beckenmindestgröße: ab 100 Liter
Wasserqualität:
Temperatur: 22 bis 27°C
pH-Wert: 6,0 bis 7,5
Gesamthärte: 5 bis 19°dGH
**Haltung, Sozialverhalten
und Vergesellschaftung**:
Bepflanztes Becken mit Schwimmpflanzen. Da dieser Fisch recht aggressiv sein kann, besonders gegenüber Artgenossen, sollte man ihn nur mit größeren Fischen vergesellschaften.

Grüner Schwertträger

Xiphophorus helleri var. Grün

Familie: Lebendgebärende Zahnkarpfen *(Poeciliidae)*
Heimat: Zuchtform von *Xiphophorus helleri*, die in Fließgewässern Mexikos und Guatemalas lebt.
Länge: bis 12 cm
Alter: bis 5 Jahre
Geschlechtsunterschied: Männchen mit „Schwert", Weibchen größer
Laichverhalten: Lebendgebärend
Futter: Frische Pflanzenkost wie Gemüse oder Algen. Kleines Lebend- und gemischtes Flockenfutter.
Beckenmindestgröße: ab 100 Liter
Wasserqualität:
Temperatur: 23 bis 27° C
pH-Wert: 7,0 bis 8,5
Gesamthärte: 10 bis 30 °dGH

Haltung, Sozialverhalten und Vergesellschaftung:
Becken mit üppiger Vegetation und Versteckmöglichkeiten. Als Gruppe (mehr Weibchen als Männchen) halten. Schwertträger sind lebhafte, aber friedliche Fische, die gern in einer großen Gruppe zusammenleben. Unproblematische Vergesellschaftung mit anderen Fischen.

Guppy

Poecilia reticulata

Familie: Lebendgebärende Zahnkarpfen *(Poeciliidae)*
Heimat: Südamerika. Gewässer in Venezuela, Barbados, Trinidad, Nordbrasilien und Guyana.
Länge: 3 bis 5 cm
Alter: bis 4 Jahre
Geschlechtsunterschied: Weibchen dickbäuchiger und deutlich größer als die Männchen
Laichverhalten: Lebendgebärend
Futter: Abwechslungsreiche Kost mit allen kleineren Futtersorten. Auch pflanzenhaltige Nahrung.
Beckenmindestgröße: ab 50 Liter
Wasserqualität:
Temperatur: 18 bis 28° C
pH-Wert: 6,8 bis 8,0
Gesamthärte: 10 bis 30 °dGH

Haltung, Sozialverhalten und Vergesellschaftung:
Becken mit üppiger Vegetation. Als Gruppe (mehr Weibchen als Männchen) halten. Guppys gehören zu den Fischen, die ein Becken sehr lebendig und bunt gestalten. Sie neigen dazu, das gesamte Aquarium in Besitz zu nehmen, indem sie ununterbrochen geschäftig durch die Beckenmitte schwimmen. Vergesellschaftung mit Arten, die sich in mittlerer Wassertiefe aufhalten. Der Guppy ist ein idealer Gesellschaftsfisch für Salmler, Zwergbuntbarsche und Welse.

Jamaikakärpfling

Limia melanogaster

Familie: Lebendgebärende Zahnkarpfen
(Poeciliidae)
Heimat: Mittelafrika. Bäche in Jamaika
und Haiti.
Länge: 4 bis 6 cm
Alter: bis 5 Jahre
Geschlechtsunterschied: Weibchen
größer und fülliger, Männchen mit
Begattungsorgan (Gonopodium)
Laichverhalten: Lebendgebärend
Futter: Algen, Flockenfutter auf pflanz-
licher Basis, Lebend- und Frostfutter.
Beckenmindestgröße: ab 50 Liter
Wasserqualität:
Temperatur: 22 bis 28° C
pH-Wert: 7,5 bis 8,5
Gesamthärte: 20 bis 30 °dGH
**Haltung, Sozialverhalten
und Vergesellschaftung:**
In teilweise dicht bepflanztem Becken
mit Freiraum zum Schwimmen halten.
Schwarmfisch, der sich gut mit Segel-
kärpflingen und Platys vergesellschaf-
ten lässt.

Korallenplaty

Xiphophorus maculatus var. Koralle

Familie: Lebendgebärende Zahnkarpfen
(Poeciliidae)
Heimat: Zuchtform von *Xiphophorus
maculatus,* die in fließenden Tiefland-
gewässern Mittelamerikas lebt.
Länge: 4 bis 6 cm
Alter: bis 3 Jahre
Geschlechtsunterschied: Männchen
mit Begattungsorgan (Gonopodium)
und etwas kleiner als die Weibchen
Laichverhalten: Lebendgebärend
Futter: Frische Pflanzenkost wie Algen.
Kleines Lebend- und Trockenfutter.
Beckenmindestgröße: ab 50 Liter
Wasserqualität:
Temperatur: 20 bis 25° C
pH-Wert: 7,0 bis 8,0
Gesamthärte: 5 bis 30 °dGH
**Haltung, Sozialverhalten
und Vergesellschaftung:**
Locker bepflanztes Becken mit
Schwimmpflanzen. Kleine Gruppenhal-
tung (mehr Weibchen als Männchen).
Eine Vergesellschaftung mit anderen
Zuchtformen von Platys und Schwert-
trägern sollte allerdings vermieden wer-
den. Gut geeignet sind nicht zu große
Fischarten mit ähnlichen Wasseransprü-
chen wie z. B. Guppys.

Mickey-Mouse-Platy

Xiphophorus maculatus
var. Mickey-Mouse

Familie: Lebendgebärende Zahnkarpfen *(Poeciliidae)*
Heimat: Zuchtform von *Xiphophorus maculatus*, die in fließenden Tiefland-gewässern Mittelamerikas lebt.
Länge: 4 bis 6 cm
Alter: bis 3 Jahre
Geschlechtsunterschied: Männchen mit Begattungsorgan (Gonopodium) und etwas kleiner als die Weibchen
Laichverhalten: Lebendgebärend
Futter: Frische Pflanzenkost wie Algen. Kleines Lebend- und Trockenfutter.
Beckenmindestgröße: ab 50 Liter
Wasserqualität:
Temperatur: 20 bis 25° C
pH-Wert: 7,0 bis 8,0
Gesamthärte: 5 bis 30 °dGH

Haltung, Sozialverhalten und Vergesellschaftung:
Locker bepflanztes Becken mit Schwimmpflanzen. Kleine Gruppenhal-tung (mehr Weibchen als Männchen). Eine Vergesellschaftung mit anderen Zuchtformen von Platys und Schwert-trägern sollte allerdings vermieden werden. Gut geeignet sind nicht zu große Fischarten mit ähnlichen Wasseransprüchen wie z. B. Guppys.

Papageienplaty

Xiphophorus variatus

Familie: Lebendgebärende Zahnkarpfen *(Poeciliidae)*
Heimat: Mittelamerika. Strömungsarme Bereiche der Tieflandgewässer Mittelamerikas. Südliches Mexiko.
Länge: 5 bis 6 cm
Alter: bis 4 Jahre
Geschlechtsunterschied: Männchen mit Begattungsorgan (Gonopodium) und etwas schlanker als die Weibchen
Laichverhalten: Lebendgebärend
Futter: Pflanzenkost, kleines Lebend- und Trockenfutter. Karotinreiche Nahrung für eine schöne Färbung.
Beckenmindestgröße: ab 60 Liter
Wasserqualität:
Temperatur: 18 bis 25°C
pH-Wert: 7,0 bis 8,0
Gesamthärte: 10 bis 25 °dGH

Haltung, Sozialverhalten und Vergesellschaftung:
Gruppenfisch für locker bepflanzte Becken. Gute Wasserpflege wichtig. Besonders prächtig entwickeln sich die Fische, wenn sie halbwüchsig zeitweise kühl gehalten werden. Eine Vergesellschaftung mit anderen Zuchtformen von Platys und Schwertträgern sollte allerdings vermieden werden. Gut geeignet sind nicht zu große Fischarten mit ähnlichen Wasseransprüchen wie z. B. Guppys.

Platy

Xiphophorus maculatus

Familie: Lebendgebärende Zahnkarpfen
(Poeciliidae)
Heimat: Fließende Tieflandgewässer
Mittelamerikas, von Mexiko über
Guatemala bis nach Honduras.
Länge: 4 bis 6 cm
Alter: bis 4 Jahre
Geschlechtsunterschied: Männchen
mit Begattungsorgan (Gonopodium)
und etwas kleiner als die Weibchen
Laichverhalten: Lebendgebärend
Futter: Frische Pflanzenkost wie Algen.
Kleines Lebend- und Trockenfutter.
Beckenmindestgröße: ab 50 Liter
Wasserqualität:
Temperatur: 18 bis 25°C
pH-Wert: 7,0 bis 8,0
Gesamthärte: 5 bis 30°dGH
**Haltung, Sozialverhalten
und Vergesellschaftung:**
Locker bepflanztes Becken mit
Schwimmpflanzen. Kleine Gruppenhal-
tung (mehr Weibchen als Männchen).
Lebhafter Fisch. Vergesellschaftung mit
Schwertträgern und Papageienplatys
vermeiden.

Querbandhechtling

Epiplatys dageti dageti

Familie: Prachtkärpflinge *(Aplocheilidae)*
Heimat: Afrika. Gewässer der sumpfi-
gen Küstenniederung Liberias und der
Elfenbeinküste.
Länge: bis 6 cm
Alter: bis 5 Jahre
Geschlechtsunterschied: Männchen
größer und farbiger
Laichverhalten: Freilaicher
Futter: Insektenfutter, kleines Lebend-
futter, auch Trockenfutter.
Beckenmindestgröße: ab 50 Liter
Wasserqualität:
Temperatur: 22 bis 25°C
pH-Wert: 6,0 bis 7,5
Gesamthärte: 5 bis 20°dGH
**Haltung, Sozialverhalten
und Vergesellschaftung:**
Mehrere Männchen mit vielen Weibchen
in bepflanztem Becken, teilweise mit
Schwimmpflanzen, halten. Nur mit
Fischen der gleichen Größe vergesell-
schaften.

Roter Tuxedo-Platy

Xiphophorus maculatus var. Tuxedo Rot

Familie: Lebendgebärende Zahnkarpfen *(Poeciliidae)*
Heimat: Zuchtform vom *Xiphophorus maculatus*, der in fließenden Tiefland-gewässern Mittelamerikas lebt.
Länge: 4 bis 6 cm
Alter: bis 3 Jahre
Geschlechtsunterschied: Männchen mit Begattungsorgan (Gonopodium) und etwas kleiner als die Weibchen
Laichverhalten: Lebendgebärend
Futter: Frische Pflanzenkost wie Algen. Kleines Lebend- und Trockenfutter.
Beckenmindestgröße: ab 50 Liter
Wasserqualität:
Temperatur: 20 bis 25°C
pH-Wert: 6,0 bis 7,5
Gesamthärte: 5 bis 30 °dGH

Haltung, Sozialverhalten und Vergesellschaftung:
Locker bepflanztes Becken mit Schwimmpflanzen. Kleine Gruppen-haltung mit Weibchenüberschuss. Lässt sich gut mit anderen friedlichen Fischen vergesellschaften, welche die gleichen Wasseransprüche haben (z. B. Platys oder Guppys).

Schwarzbandkärpfling

Limia nigrofasciata

Familie: Lebendgebärende Zahnkarpfen *(Poeciliidae)*
Heimat: Mittelafrika. Warme Gewässer Haitis.
Länge: bis 7 cm
Alter: bis 5 Jahre
Geschlechtsunterschied: Männchen mit Begattungsorgan, ältere Männchen entwickeln einen Rückenbuckel
Laichverhalten: Lebendgebärend
Futter: Algenhaltiges Trockenfutter, Grünflocken und Frostfutter.
Beckenmindestgröße: ab 100 Liter
Wasserqualität:
Temperatur: 24 bis 28° C
pH-Wert: 7,0 bis 8,0
Gesamthärte: 10 bis 20 °dGH
Haltung, Sozialverhalten und Vergesellschaftung:
In hellem Becken mit Freiraum zum Schwimmen und dichter Randbepflanzung. Gruppenweise ab sechs Exemplaren halten. Friedlicher Fisch, der sich gut mit Schwertträgern und Guppys vergesellschaften lässt.

Schwertträger

Xiphophorus helleri

Familie: Lebendgebärende Zahnkarpfen *(Poeciliidae)*
Heimat: Mittelamerika. Fließgewässer Mexikos und Guatemalas.
Länge: bis 12 cm
Alter: bis 5 Jahre
Geschlechtsunterschied: Männchen mit „Schwert", Weibchen größer
Laichverhalten: Lebendgebärend
Futter: Frische Pflanzenkost wie Gemüse oder Algen. Kleines Lebend- und gemischtes Flockenfutter.
Beckenmindestgröße: ab 100 Liter
Wasserqualität:
Temperatur: 23 bis 27° C
pH-Wert: 7,0 bis 8,5
Gesamthärte: 10 bis 30 °dGH
Haltung, Sozialverhalten und Vergesellschaftung:
Becken mit üppiger Vegetation und Versteckmöglichkeiten. Als Gruppe (mehr Weibchen als Männchen) halten. Friedliche Fischart. Vergesellschaftung mit robusten Arten, zum Beispiel mit Mollys.

Segelkärpfling

Poecilia velifera

Familie: Lebendgebärende Zahnkarpfen *(Poeciliidae)*
Heimat: Mittelamerika. Südöstliches Mexiko, vor allem die Halbinsel Yucatan.
Länge: bis 15 cm
Alter: bis 6 Jahre
Geschlechtsunterschied: Weibchen größer, Männchen mit hoher Rückenflosse
Laichverhalten: Lebendgebärend
Futter: Pflanzennahrung (z. B. pflanzenhaltiges Trockenfutter, Salat), zur Abwechslung Artemien oder Cyclops.
Beckenmindestgröße: ab 250 Liter
Wasserqualität:
Temperatur: 23 bis 28°C
pH-Wert: 7,5 bis 8,5
Gesamthärte: 15 bis 30°dGH

Haltung, Sozialverhalten und Vergesellschaftung:
Becken mit viel Schwimmraum und reichlich Wasserpflanzen. Hartes Wasser mit leichtem Salzzusatz. Die ruhigen Fische können mit dem Breitflossenkärpfling *(Poecilia latipinna)* oder anderen Brackwasserfischen (z. B. Argusfischen) vergesellschaftet werden.

Stahlblauer Prachtkärpfling

Fundulopanchax gardneri

Familie: Prachtkärpflinge
(Nothobranchiidae)
Heimat: Afrika. Sumpfige Gewässer
im südöstlichen Nigeria. Zuflüsse des
Cross River.
Länge: bis 7 cm
Alter: bis 5 Jahre
Geschlechtsunterschied: Weibchen oft
einfarbig, Männchen mit roten Punkten
Laichverhalten: Bodenlaicher
Futter: Kräftiges Lebend- und Frost-
futter wie z.B. Mückenlarven oder
Wasserflöhe.
Beckenmindestgröße: ab 60 Liter
Wasserqualität:
Temperatur: 22 bis 28° C
pH-Wert: 6,0 bis 7,5
Gesamthärte: < 15 °dGH

**Haltung, Sozialverhalten
und Vergesellschaftung:7**
Der Prachtkärpfling liebt verkrautete
Gewässer mit Verstecken und Mulm.
Am besten im Artenbecken pflegen.
Pro Männchen sollten zwei Weibchen
eingesetzt werden. Zur Vergesellschaftung eignen sich afrikanische Barben
(z. B. *Barbus fasciolatus*).

Texaskärpfling

Gambusia affinis

Familie: Lebendgebärende Zahnkarpfen *(Poeciliidae)*
Heimat: Mexiko, USA
Länge: 4 bis 7 cm
Alter: bis 8 Jahre
Geschlechtsunterschied: Männchen etwas kleiner
Laichverhalten: Lebendgebärend
Futter: Fleischfresser, Lebend- und Trockenfutter. Frisst gerne Mückenlarven.
Beckenmindestgröße: ab 80 Liter
Wasserqualität:
Temperatur: 12 bis 29° C
pH-Wert: 6,0 bis 8,0
Gesamthärte: < 30 °dGH
Haltung, Sozialverhalten und Vergesellschaftung:
Anspruchsloser Fisch, der Versteckmöglichkeiten braucht, da er sehr streitlustig ist. Schwarmfisch, ab einer Gruppe von zehn Tieren zu halten.

Streifen-Hechtling

Aplocheilus lineatus

Familie: Prachtkärpflinge *(Aplocheilidae)*
Heimat: Südasien (Indien und Sri Lanka)
Länge: bis 10 cm
Alter: 2 bis 3 Jahre
Geschlechtsunterschied: Männchen größer und farbiger
Laichverhalten: Freilaicher
Futter: Insektenfutter, kleines Lebendfutter, auch Trockenfutter.
Beckenmindestgröße: ab 100 Liter
Wasserqualität:
Temperatur: 22 bis 27° C
pH-Wert: 6,0 bis 7,5
Gesamthärte: 5 bis 20 °dGH
Haltung, Sozialverhalten und Vergesellschaftung:
Bepflanzte Becken, teilweise mit Schwimmpflanzen. Männchen mit mehreren Weibchen halten. Da dieser Fisch recht aggressiv sein kann, besonders gegenüber Artgenossen, sollte man ihn nur mit größeren Fischen vergesellschaften.

Zwergkärpfling

Heterandria formosa

Familie: Lebendgebärende Zahnkarpfen *(Poeciliidae)*
Heimat: Nordamerika. Kleine Stillgewässer im Südosten der USA.
Länge: 2 bis 3,5 cm
Alter: bis 3 Jahre
Geschlechtsunterschied: Männchen kleiner und mit zum Begattungsorgan umgebildeter Afterflosse
Laichverhalten: Lebendgebärend
Futter: Feines Lebendfutter wie Artemien oder Cyclops sowie Trockenfutter.
Beckenmindestgröße: ab 50 Liter
Wasserqualität:
Temperatur: 20 bis 26° C
pH-Wert: 7,0 bis 8,0
Gesamthärte: 9 bis 20 °dGH

Haltung, Sozialverhalten und Vergesellschaftung:
Dicht bepflanztes Becken. Als Gruppe (mehr Weibchen als Männchen) halten. Zur Vergesellschaftung eignen sich kleine, friedliche Fischarten mit ähnlichen Haltungsbedingungen.

Bienengarnele
Caridina cf. cantonensis

Nützliche Mitbewohner für Süßwasserfische

Süßwassergarnelen

Süßwassergarnelen (*Atyiden*) werden in den letzten Jahren immer beliebter bei Aquarienfreunden. Das liegt zum einen daran, dass sie sich als praktische Nutztiere herausgestellt haben, weil sie das Aquarium von lästigen Algen befreien und so zum biologischen Gleichgewicht beitragen. Zum anderen können sie aber auch farbenprächtige Hingucker und eine faszinierende Bereicherung für Ihr Aquarium sein.

Die Hummelgarnele (*Caridina cf. breviata*) gehört zur Gruppe der Zwerggarnelen.

Einteilung in Gruppen

Momentan sind ca. 140 Arten bekannt, die – wie der Name schon sagt – zum Großteil aus tropischen Süßgewässern stammen. Man unterscheidet drei Gruppen von Süßwassergarnelen: Zwerggarnelen, Fächergarnelen und Großarmgarnelen. Sie unterscheiden sich in der Form ihrer Scherenbeine, die sich herausgebildet haben, weil sich die Garnelen im Laufe der Evolution auf unterschiedliche Nahrung spezialisiert haben:

- **Zwerggarnelen:** Diese Gruppe relativ kleiner Garnelen hat kurze, dichte Borstenbüschel an den Spitzen der Scherenfinger, mit denen sie Mikroorganismen und Detritus, zerfallene organische Substanzen, von Steinen, totem Holz und Pflanzen abstreifen.
- **Fächergarnelen:** Ihre Borstenbüschel am zweiten Schreitbeinpaar sind viel länger und können wie ein Fächer abgespreizt werden. Damit können sie Algenpartikel und feinste Driftnahrung aus der Strömung fischen.

- **Großarmgarnelen:** Sie haben richtige, krebsähnliche Scheren am zweiten Schreitbeinpaar und können dadurch ihr Nahrungsangebot durch größere Beutetiere wie z. B. Würmer und Schnecken erweitern.

- **Zwerggarnelen**

In der Aquaristik spielen vor allem die Zwerggarnelen eine große Rolle, weshalb wir noch etwas näher auf sie eingehen möchten. Zwerggarnelen sind friedliche Gesellschaftstiere, die sich im Regelfall unproblematisch mit Zierfischen wie z. B. Guppys und Platys vergesellschaften lassen, wenn Sie ein paar Punkte beachten:

- Die Fische dürfen nicht zu den räuberischen Arten gehören, die in Garnelen eine willkommene Abwechslung auf ihrem Speiseplan sehen, wie z. B. Fadenfische oder größere Buntbarsch- und Salmlerarten. Auch Krebse finden übrigens Geschmack daran, sich an Garnelen zu vergreifen.

- Generell sollten Sie keine größeren Fische mit Zwerggarnelen vergesellschaften, weil es sie stresst und sie sich ständig verstecken.

Womit Sie auf jeden Fall rechnen müssen ist, dass auch noch so friedliche Fische zumindest dem Garnelennachwuchs nachstellen. Haben die Garnelenbabys genug Versteckmöglichkeiten zwischen Wurzeln, Steinen und Pflanzen, kommen aber normalerweise immer einige durch.

Zwerggarnelen gehören zu den Krebstieren, die sich regelmäßig häuten, weil ihr Panzer nicht mitwächst. Sie werden also hin und wieder solch einen abgestreiften Panzer, auch „Exuvie" genannt, in Ihrem Aquarium finden, wenn Sie Garnelen halten. So eine Exuvie kann man schon einmal fälschlicherweise für ein totes Tier halten, lässt sich aber ganz einfach durch ihre durchsichtige Farbe von den lebenden Tieren unterscheiden. Sie müssen die abgestreiften Panzer auch nicht aus dem Aquarium holen, weil sie von den Mikroorganismen und den Garnelen selbst gefressen werden.

Zwerggarnelen sind gesellige Schwarmtiere, weshalb es empfehlenswert ist, sich gleich einen ganzen Schwung von mindestens zehn oder mehr Tieren fürs Aquarium zu holen, damit die Tiere artgerecht gehalten werden und sich wohlfühlen. Achten Sie dabei darauf, dass Sie keine nahe verwandten Arten in dasselbe Becken setzen, weil es sonst eventuell zu unerwünschten Verpaarungen kommen kann.

Becken und Technik

Garnelen sollten Sie nur in Aquarien mit einer gut schließenden Abdeckung halten, denn die kleinen Krabbeltiere können Ihnen sonst aus dem Becken klettern oder hüpfen.

Sowohl Innen- als auch Außenfilter muss man sozusagen „garnelensicher" machen, um den Tierchen Verletzungen oder sogar den Tod zu ersparen. Bei Innenfiltern müssen die Kabel-Aussparungen in der Abdeckung gut mit passend zurechtgeschnittenem Schaumstoff oder Filterwatte verschlossen werden. Bei Außenfiltern sichert man die Ansaugöffnung mit Schaumstoff-Filterpatronen.

Sollten Sie unter die Garnelenzüchter gehen wollen, müssen Sie sich in Bezug auf den richtigen Filter im Fachhandel beraten lassen, denn bei vielen handelsüblichen Filtersystemen besteht die Gefahr, dass die zierlichen Jungtiere durch den Sog in den Filter gezogen, verletzt oder getötet werden. Besonders bewährt hat sich hierfür beispielsweise der sogenannte „Hamburger Mattenfilter", den die Zwerggarnelen ungefährdet abweiden können.

Was die Reinigung und Pflege eines Aquariums mit Garnelenbesatz betrifft, müssen hier die gleichen regelmäßigen Arbeiten wie z. B. Wasserwechsel und Filterkontrolle gemacht werden wie bereits auf den Seiten 42 bis 51 beschrieben worden ist.

● Einrichtung

Zwerggarnelen freuen sich neben einem Bodengrund aus Sand und feinem Kies über viele natürliche Verstecke und Rückzugsmöglichkeiten. Besonders wichtig sind sie für den Garnelennachwuchs. Getrocknete Zweige und Herbstlaub, verschieden große Wurzeln und ein üppiger Pflanzenbewuchs eignen sich dafür bestens. Sie haben den Vorteil, dass sich auf ihnen mit der Zeit Mikroorganismen ansiedeln (z. B. kleine Wurmarten, Glocken- und Wimperntierchen), die zur natürlichen Nahrung von Zwerggarnelen gehören. Diese streifen sie mit ihren Fächern an den Scherenfingern von Pflanzen, Steinen und Wurzelholz ab.

● Pflanzen

Zwerggarnelen freuen sich über eine üppige Bepflanzung, die ihnen gleichzeitig Nahrungsquelle und Unterschlupf sein kann. Besonders beliebt sind die folgenden Wasserpflanzen:
- **Javamoos** (*Vesicularia dubyana*): siehe auch Seite 133
- **Mooskugel** (*Cladophora aegagrophila*): Eine nützliche Alge, die eine Wassertemperatur bis maximal 24° C und einen pH-Wert zwischen 7 und 7,5 bevorzugt.

Eingewöhnung

Auch wenn viele Zwerggarnelenarten nicht sehr empfindlich in Bezug auf die Wasserwerte sind, bei der Eingewöhnung müssen Sie – wie bei den Fischen bereits beschrieben (s. S. 39 bis 40) – vorsichtig und langsam vorgehen. Eine Anpassung über mehrere Stunden ist empfehlenswert, denn durch einen abrupten Wechsel der Temperatur oder Wasserchemie kann es zu sogenannten „Schockhäutungen" kommen, bei denen ein trächtiges Weibchen seine Eier verlieren würde.

Gut zu wissen!
Bevor Sie Ihre neu erworbenen Garnelen in ein bereits bestehendes Gesellschaftsbecken einziehen lassen, sollten Sie einen umfangreicheren Teilwasserwechsel vornehmen.

Futter

Zusätzlich zu den Algen und Mikroorganismen, die sie im Becken abweiden, brauchen die Zwerggarnelen ca. jeden zweiten Tag etwas Zusatzfutter in Form von Granulat, Flocken, Tabletten oder Frostfutter. Solange die Futterteilchen die richtige Fressgröße haben, sind Zwerggarnelen bei den im Fachhandel üblichen Futterprodukten nicht wählerisch.

Wichtig ist, dass Ihre Garnelen über das Zusatzfutter das Hormon Ecdyson erhalten, das sie für die Häutung brauchen und nicht selbst produzieren können. Wasserflöhe, Artemien und Planktonkrebse in Form von Frostfutter sind z. B. gute Ecdyson-Quellen.

Getrocknetes Erlen-, Eichen- oder Buchenlaub fressen Garnelen für ihr Leben gerne wegen der darauf angesiedelten Mikroorganismen, die für die Zersetzung der Blätter sorgen. Außerdem geben die Blätter Huminsäuren frei, die desinfizierend wirken.

Futter für Ganelen in Perlenform

Gesundheit

Krankheiten und Parasiten schleppt man sich ganz schnell mit neuen Pflanzen, Tieren oder dem Transportwasser ein, ohne dass man viel dagegen tun kann. Damit Ihre Garnelen dagegen gewappnet sind, müssen Sie vor allem auf eine artgerechte Haltung der Tiere achten. Sie verleiht Ihren Garnelen die größtmögliche Widerstandskraft gegen alle eingeschleppten Infektionen und Pilze.

Wie Sie in der folgenden Tabelle sehen können, sind für die Behandlung von Garnelenkrankheiten noch praktisch keine Heilmethoden oder Medikamente gefunden worden. Deshalb sind vorbeugende Maßnahmen das Beste, was Sie für die Gesundheit Ihrer Garnelen tun können.

● **Krankheiten**

Symptome	Möglicher Befund	Was ist zu tun?
Weißfärbung des Gewebes	**Porzellankrankheit** oder falsche Wasserwerte	Bei der Krankheit keine Behandlung bekannt, bei falschen Wasserwerten Wasserwechsel vornehmen
Orangerote bis schwarze Löcher im Panzer	**Rost-/Brandflecken** durch Pilz- und Bakterienbefall	Keine Behandlungsmethode bekannt
Weiße Flecken auf dem Panzer	**Weißfleckenkrankheit** (Viruserkrankung)	Keine Behandlungsmethode bekannt

● **Vergiftung**

Eine zu hohe Belastung des Wassers mit Schwermetallen wie z. B. Kupfer aus Kupferrohren kann – vor allem in weichem Wasser – hochgiftig für Garnelen sein! Deshalb sollten Sie für ein Becken, das mit Garnelen besetzt ist, möglichst absolut kupferfreies Wasser verwenden. Dazu lassen Sie, wenn Sie Ihr Aquarium einrichten und auch bei jedem Wasserwechsel, das länger im Rohr gestandene Wasser erst einmal ablaufen. Zusätzlich sollten Sie dem Leitungswasser immer handelsübliches Wasseraufbereitungsmittel hinzusetzen, das alle Schwermetalle dauerhaft bindet (siehe auch S. 27).

Tritt bei Ihren Garnelen dennoch eine Kupfervergiftung auf, müssen Sie sofort handeln! Nehmen Sie umgehend einen 50–80%igen Wasserwechsel mit der Zugabe eines Wasseraufbereitungsmittels vor.

Gut zu wissen!

Viele Medikamente gegen Fischkrankheiten enthalten Kupferanteile, die den Garnelen bereits zum Verhängnis werden können! Dosieren Sie Fisch-Medikamente deshalb von vornherein so gering wie möglich und führen Sie danach einen umfangreichen Wasserwechsel durch.

Garnelen-Lexikon

Wie die Fische haben sich auch die Zwerggarnelenarten an die Verhältnisse in ihrem natürlichen Lebensraum angepasst. Deshalb brauchen auch sie unterschiedliche Wasser- und Lebensbedingungen, um sich wohlzufühlen. Manche sind eher empfindlich und reagieren schon auf einen versäumten Wasserwechsel mit gesundheitlichen Problemen. Andere wiederum sind robuster und viel unproblematischer in ihrer Haltung und eignen sich deshalb optimal für Aquarien-Einsteiger – wie die hier vorgestellten Zwerggarnelenarten.

Die Bienengarnelen (*Caridina cf. cantonensis*) gibt es in vielen verschiedenen Farbvarianten. Sie tragen ein schwarz-weiß oder rot-weiß gestreiftes Muster. Je größer der Weißanteil, desto begehrter und seltener sind sie.

Amanogarnele

Caridina multidentata/Caridina japonica

Familie: Süßwassergarnelen (*Atyiden*)
Heimat: Japan, Taiwan, Indonesien, Madagaskar in Flüssen, die in den Pazifik fließen
Länge: Weibchen bis 50 mm, Männchen bis 40 mm
Alter: bis 7 Jahre
Geschlechtsunterschied: Weibchen haben größere Bauchtaschen und sind allgemein größer als Männchen.
Laichverhalten: Vermehrung im Süßwasseraquarium nicht möglich, nur in Salzwasser
Wasserqualität:
Temperatur: 18 bis 28° C
pH-Wert: 7 bis 8,3
Gesamthärte: bis 20 °dgH

Haltung, Sozialverhalten und Vergesellschaftung:
sehr friedliches Verhalten
Besonderheiten: durchsichtige Farbe mit kleinen braunen Punkten und einem schmalen Rückenstrich

Kristallrote Zwerggarnele

Caridina cf. cantonensis „Crystal Red"

Familie: Süßwassergarnelen (*Atyiden*)
Heimat: Asien
Länge: 25 bis 35 mm
Alter: bis 1,5 Jahre
Geschlechtsunterschied: Weibchen sind etwas kräftiger als Männchen und mit tiefer ausgezogenem Hinterleib, ausgewachsene Weibchen sind größer als Männchen
Laichverhalten: Vermehrung im Süßwasseraquarium möglich. Bis zu 30 Eier werden an den Schwimmbeinen am Hinterleib getragen. Nach drei bis vier Wochen schlüpfen voll entwickelte, 1,5 mm große Jungtiere.
Wasserqualität:
Temperatur: 10 bis 28° C
pH-Wert: 6 bis 7,5
Gesamthärte: bis 10 °dgH

Haltung, Sozialverhalten und Vergesellschaftung:
Lebt eher versteckt, im Schwarm mit 15 bis 20 Tieren halten.
Besonderheiten: Von dem japanischen Garnelenzüchter Hisayasu Suzuku herausgezüchtete rote Farbform der Bienengarnele

Red Fire-Garnele/
Red Cherry-Garnele

Neocaridina heteropoda var. red

Familie: Süßwassergarnelen (*Atyiden*)
Heimat: Taiwan
Länge: bis 40 mm
Alter: bis 1,5 Jahre
Geschlechtsunterschied: Weibchen sind kräftiger, größer und haben eine stärkere Rotfärbung als Männchen.
Laichverhalten: Vermehrung im Süßwasseraquarium leicht möglich, weil aus ihren Eiern besonders weit entwickelte Jungtiere schlüpfen. 30 bis 50 Eier werden an den Schwimmbeinen am Hinterleib getragen. Nach drei bis vier Wochen schlüpfen die Larven.
Wasserqualität:
Temperatur: 4 bis 32° C
pH-Wert: 6 bis 8
Gesamthärte: sehr weich bis sehr hart
Haltung, Sozialverhalten und Vergesellschaftung:
friedfertiges Verhalten, sehr robuste Zwerggarnele
Besonderheiten: rote Zuchtform der Rückenstrichgarnele

Rote Nashorngarnele

Caridina gracilirostris

Familie: Süßwassergarnelen (*Atyiden*)
Heimat: Brackwasser tropischer Flussdeltas und Mangrovensümpfe des Indopazifik und Indischen Ozeans.
Länge: bis 35 mm
Alter: bis 6 Jahre
Geschlechtsunterschied: Hinterkörper der Weibchen ist stärker gewölbt
Laichverhalten: Vermehrung im Süßwasseraquarium nicht möglich, nur in Brack- oder Meerwasser
Wasserqualität:
Temperatur: 26 bis 27° C
pH-Wert: 6,5 bis 7
Gesamthärte: eher hart
Haltung, Sozialverhalten und Vergesellschaftung:
friedliches Gruppentier, das sich eher freischwimmend fortbewegt
Besonderheiten: Hat ein verlängertes rotes Rostrum (Nase), das beim Transport abbrechen kann, bei den nächsten Häutungen aber wieder nachwächst.

Süßwasserschnecken

Viele Aquarien-Freunde sind bereits begeisterte Halter von Süßwasserschnecken. Wurden sie zunächst fast nur aufgrund ihrer Vorteile als Nutztiere gehalten, erfreuen sich die faszinierenden Tiere in den letzten Jahren einer immer größeren Fangemeinde, welche sie um ihrer selbst Willen zu ihren Fischen und Garnelen ins Becken setzen.

Auf die folgenden Punkte sollten Sie im Allgemeinen achten, wenn Sie sich dazu entscheiden, Ihr Aquarium zu einem Gesellschaftsbecken mit Wasserschnecken zu machen:
- Setzen Sie nicht zu viele Schnecken ein, damit es nicht zu Futterkonkurrenz kommt. Lassen Sie sich auf jeden Fall im Fachhandel beraten, wie viele Schnecken für die Größe Ihres Beckens und Ihren Fisch- bzw. Garnelenbesatz geeignet sind.
- Wenn Sie in Ihrem Aquarium auch Krebse oder größere Fische halten, sollten Sie auf Schnecken verzichten. Sie werden nämlich gerne zu einer Bereicherung des Speiseplans dieser Tiere.

Zwei Apfelschnecken (*Pomacea bridgesii*) auf Futtersuche

Einrichtung

Wie bei den Garnelen beschrieben (s. S. 117), müssen Sie auch bei einem Besatz mit Schnecken für eine ausbruchssichere Abdeckung des Beckens und ein gut abgedichtetes Ansaugrohr des Filters sorgen. Auch für Schnecken empfiehlt sich die Verwendung eines Hamburger Mattenfilters, der von ihnen mit Vorliebe abgeweidet wird. In vielen anderen Filtern blockieren Wasserschnecken häufig das Antriebsrad und können verletzt oder getötet werden.

Was Dekorationsgegenstände betrifft, sollten Sie das Folgende beachten:
- Beseitigen Sie Steine mit scharfen Kanten, an denen sich die Schnecken verletzen könnten.
- Vermeiden Sie Engstellen zwischen den Gegenständen, in denen sich größere Schnecken verklemmen könnten.

Achten Sie auf eine üppige Bepflanzung Ihres Beckens, damit die Schnecken viele Versteck- und Rückzugsmöglichkeiten haben. Dann werden sie durch lebhaftere Fische auch nicht so stark gestresst. Was die Pflanzenarten betrifft, sind Schnecken nicht sehr wählerisch.

Transport und Eingewöhnung

Für den Transport Ihrer neuen Hausgenossen eignen sich am besten gut verschließbare Dosen, die mit etwas feuchter Filterwatte bestückt worden sind. Um das Aneinanderschlagen der Gehäuse zu vermeiden, ist es besser, wenn jede Schnecke ihre eigene Dose bekommt.

Wie den Fischen und Garnelen müssen Sie auch Ihren neu erworbenen Schnecken die Möglichkeit geben, sich beim Einsetzen in ihr neues Zuhause langsam an das Wasser zu gewöhnen, sonst können sie unter Umständen innerhalb weniger Tage sterben.

Zunächst öffnen Sie den Deckel der Transportbox, damit ein Temperaturausgleich stattfinden kann. Anschließend befüllen Sie den Transportbehälter Stück für Stück über ein bis zwei Stunden hinweg mit Aquarienwasser, bis die Tiere komplett mit Wasser bedeckt sind. Sind die Schnecken aktiv, können Sie diese vorsichtig ins Becken umsetzen.

Futter

Wichtig ist bei Aquarienschnecken, dass sie nicht überfüttert werden, und zwar aus drei Gründen:

- damit das biologische Gleichgewicht nicht durch übrig gebliebene Futterreste, die unbemerkt im Becken verfaulen, gefährdet wird.
- damit sich die Schnecken nicht unkontrolliert vermehren.
- damit die Schnecken ihrer „Arbeit" nachgehen und das Aquarium von Algen, Mulm, Pflanzen- und Futterresten befreien.

Das im Zoofachhandel erhältliche Fertigfutter wird eigentlich von allen Schneckenarten gerne gefressen. Wie die Garnelen freuen sich auch die Schnecken über getrocknetes Herbstlaub, ganz besonders über Buchen-, Eichen- und Ahornblätter. Nehmen Sie aber nur das Laub von Bäumen, die nicht in der Nähe von Straßen mit viel Verkehr stehen, damit das Laub keine zu hohe Giftstoffbelastung hat.

Für ihren Bedarf an Kalziumkarbonat sollten Sie den Schnecken Kalksteine oder Sepiaschalen ins Becken legen. Das brauchen die Weichtiere für den Aufbau ihres Gehäuses, vor allem wenn sie in eher weichem Wasser leben.

Beckenpflege

Wenn Sie Schnecken in Ihrem Aquarium halten, reduzieren sich die regelmäßig anfallenden Pflegemaßnahmen meistens, weil die Tiere sie Ihnen praktischerweise abnehmen: Je nach Schneckenart können Sie sich dann die Scheibenreinigung, das Herausfischen von verrottenden Pflanzenteilen oder die lästige Algenentfernung mehr oder weniger sparen.

Ein Wasserwert, den Sie bei der Haltung von Schnecken besonders im Auge behalten müssen, ist der des Härtegrades (s. S. 28). Schnecken entziehen dem Wasser den Kalkanteil, besonders wenn sie wachsen. Ist das Wasser in Ihrer Region an sich schon sehr weich, kann es schnell zu einer Unterversorgung kommen.

Generell gilt: Wenn Sie Schnecken halten, sollten Sie es mit der Reinigung des Beckens nicht übertreiben. Algen und Mulm dienen den Wasserschnecken als Nahrung und sollten deshalb nicht immer komplett entfernt werden.

Gesundheit

Unvorsichtige Wasserwechsel oder eine nicht gründlich überwachte Wasserqualität können zu unschönen Korrosionen des Schneckengehäuses und unter Umständen auch schnell mal zum Tod Ihrer

Wasserschnecken führen. Deshalb ist es sehr wichtig, dass Sie bezüglich der Wasserwerte immer besondere Sorgfalt an den Tag legen!

Mit neuen Pflanzen, Tieren oder Frostfutter können Sie sich immer mal wieder Egel einschleppen. So eine Egel-Plage sollten Sie nicht mit Medikamenten bekämpfen, sondern die Egel einzeln absammeln. Vom Einsatz von Medikamenten ist grundsätzlich abzuraten, da die meisten Wasserschnecken dies nicht überleben.

Durch Fische verursachte Verletzungen wie abgebissene Fühler oder angeknabberte Füße sind keine Seltenheit und sollten nicht unterschätzt werden. Ist die Wasserqualität jedoch in Ordnung und die Schnecken stehen nicht unter permanentem Stress, können sich abgebissene Körperteile sogar wieder nachbilden. Dazu müssen Sie die Tiere vielleicht manchmal in ein separates Becken umquartieren, um ihnen die Ruhe und Zurückgezogenheit bieten zu können, die sie für die Regeneration brauchen.

Schnecken-Lexikon

Die Süßwasserschnecken, die wir Ihnen hier vorstellen, gehören durch ihre nützlichen Eigenschaften und Farbvariationen zu den beliebtesten Aquariumschnecken. Außerdem sind sie aufgrund ihrer unempfindlichen und unkomplizierten Art ideal für Aquaristik-Einsteiger.

Apfelschnecke

Pomacea bridgesii

Familie: Apfelschnecken (*Ampullariidae*)
Heimat: Mittel- und Südamerika
Größe: bis 6 cm
Vermehrung: getrenntgeschlechtlich
Futter/Ernährung: Verwertet Restfutter und Aas, Zufütterung ist aufgrund ihrer Größe nötig.
Wasserqualität:
Temperatur: 20 bis 30° C
pH-Wert: 6,5 bis 8,5
Gesamthärte: weich bis hart
Haltung, Sozialverhalten und Vergesellschaftung:
Friedliche, gesellige Tiere, Besatz mit drei Weibchen und einem Männchen ist optimal, Geschlechtsunterscheidung ist allerdings schwierig. Nicht mit lebhaften Fischen vergesellschaften, die gerne an Atemrohr (Sipho) und Fühlern der Apfelschnecke zupfen. Vergesellschaftung mit anderen Schneckenarten, Zwerggarnelen und ruhigen Fischen ist möglich.
Besonderheiten: Gehört durch ihre Größe und Farbenvielfalt zu den beliebtesten Aquarienschnecken. Gut gesicherte Abdeckung ist wichtig, weil sie für die Eiablage das Wasser verlässt.

Zebrarennschnecke

Vittina turrita

Familie: Kahnschnecken (*Neritidae*)
Heimat: Südostasien
Größe: bis 3 cm
Vermehrung: Getrenntgeschlechtlich, vermehrt sich nicht im Süßwasser, weil die Larven Meerwasser für ihre Entwicklung brauchen. Weibchen legen jedoch trotzdem Eier, die sich nur schwer entfernen lassen.
Futter/Ernährung: Algen- und Restefresser, Eichen- und Buchenlaub. Beim Einsetzen sollte das Becken veralgt sein, damit sie sich langsam an das Zusatzfutter gewöhnen kann.
Wasserqualität:
Temperatur: 20 bis 30° C
pH-Wert: 6,5 bis 8,5
Gesamthärte: weich bis hart
Haltung, Sozialverhalten und Vergesellschaftung:
Lebt gerne in einer kleinen Gruppe von Artgenossen zusammen. Vergesellschaftung mit Fischen, Zwerggarnelen und anderen Schnecken ist unproblematisch.
Besonderheiten: Durch ihre schöne Streifenfärbung in der Aquaristik sehr beliebt. Eine gut gesicherte Abdeckung ist wichtig, weil sie das Wasser verlässt, wenn sie gestresst wird oder die Wasserwerte nicht stimmen.

Turmdeckelschnecke

Melanoides tuberculatus

Familie: Kronenschnecken (*Thiaridae*)
Heimat: Ostafrika bis Südostasien
Größe: bis 2,5 cm
Vermehrung: Turmdeckelschnecken sind Zwitter, können sich aber auch selbst befruchten, sie sind lebendgebärend. Eine eingeschränkte Fütterung hält die Population in Schach, eine ausreichende Fütterung führt zu einer explosionsartigen Vermehrung.
Futter/Ernährung: Verwertet Futterreste und Abfallprodukte im Bodengrund, Zufütterung ist nicht nötig.
Wasserqualität:
Temperatur: 20 bis 30° C
pH-Wert: 5,5 bis 8,5
Gesamthärte: weich bis hart
Haltung, Sozialverhalten und Vergesellschaftung:
Unproblematisch, verträgt sich mit Fischen, Garnelen und anderen Schneckenarten.
Besonderheiten: Lebt hauptsächlich im Bodengrund, durchlüftet ihn und verhindert so, dass sich Fäulnis bildet.

Tigerlotus
Nymphaea lotus (zenkeri)

Botanik
unter Wasser

Aquarienpflanzen

Pflanzen dienen nicht nur der Dekoration des Aquariums. Sie sind vor allem auch wichtig für die Sauerstoffgewinnung. Durch die Fotosynthese der Chlorophasen produzieren Pflanzen eine erstaunliche Menge an Sauerstoff, was sowohl den Tieren als auch den Bakterien zugutekommt. Zum Abbau von Nitrat und als Versteckmöglichkeit sowie Laichplatz für die Fische, Garnelen und Schnecken sind Pflanzen außerdem im Aquariumbecken unentbehrlich. Manchen Bewohnern dienen sie sogar

als Nahrung. Pflanzen übernehmen auch einen Anteil an der Reinigung des Wassers, indem sie dafür sorgen, dass Futterreste und andere tote organische Substanzen zu anorganischen Nährsalzen umgewandelt werden. Sie erleichtern somit auch die Filtration.

Aus diesen Gründen sollten Sie auf keinen Fall Plastikpflanzen verwenden. Nur lebende Pflanzen können diese wichtigen Aufgaben übernehmen.

Hier finden Sie eine kleine Übersicht von Aquariumpflanzen, die sich durch ihre Robustheit oder ihr schnelles Wachstum für Aquaristik-Einsteiger besonders gut eignen.

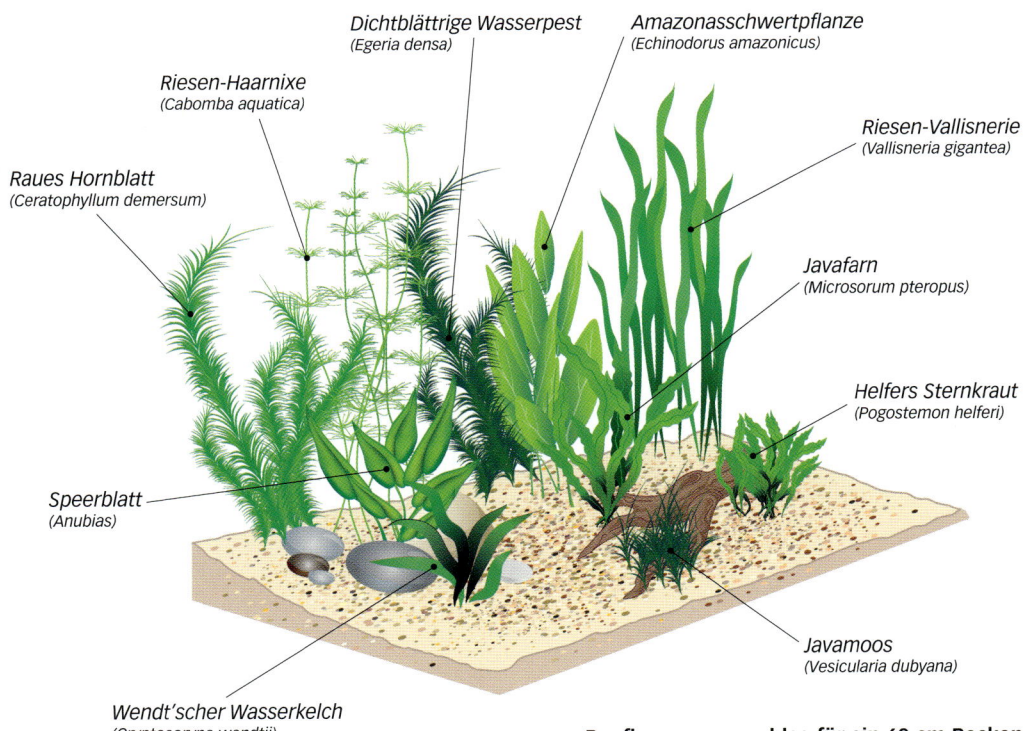

Dichtblättrige Wasserpest
(Egeria densa)

Amazonasschwertpflanze
(Echinodorus amazonicus)

Riesen-Haarnixe
(Cabomba aquatica)

Riesen-Vallisnerie
(Vallisneria gigantea)

Raues Hornblatt
(Ceratophyllum demersum)

Javafarn
(Microsorum pteropus)

Helfers Sternkraut
(Pogostemon helferi)

Speerblatt
(Anubias)

Javamoos
(Vesicularia dubyana)

Wendt'scher Wasserkelch
(Cryptocoryne wendtii)

Bepflanzungsvorschlag für ein 60-cm-Becken

Pflanzen-Lexikon

- **Amazonasschwertpflanze**
  Echinodorus amazonicus

Schnell wachsende und langlebige Solitärpflanze, die auch unter weniger guten Wasserbedingungen wächst. Die Pflanze ist anspruchslos und daher bestens für Aquaristik-Einsteiger geeignet.
Herkunft: Brasilien
Größe: 25 bis 40 cm
Position: Mitte, Hintergrund
Beckenhöhe: 40 cm
pH-Wert: 6,3 bis 7,0
Wasserhärte: bevorzugt weich
Temperatur: 22 bis 28° C

- **Dichtblättrige Wasserpest**
  Egeria densa

Dekorative Stängelpflanze, die manchmal Blüten an der Wasseroberfläche trägt. Wächst sehr schnell.
Herkunft: Südamerika (Argentinien, Brasilien, Paraguay, Uruguay)
Größe: unbegrenzt, Blätter bis zu 2 cm
Position: Mitte, Hintergrund
Beckenhöhe: 30 cm
pH-Wert: neutral
Wasserhärte: hart
Temperatur: 15 bis 25° C

- **Helfers Sternkraut oder Kleiner Wasserstern**
  Pogostemon helferi

Eine schöne Vordergrundpflanze, die bei guten Bedingungen einen zusammenhängenden Teppich von grünen Blättern bildet. Daher sollte sie in Gruppen gepflanzt werden.
Herkunft: Thailand
Größe: 2 bis 10 cm
Position: Vordergrund
Beckenhöhe: 30 cm
pH-Wert: 6,0 bis 7,5
Wasserhärte: sehr weich bis sehr hart
Temperatur: 20 bis 30° C

Indischer Wasserfreund
Hygrophila polysperma

Pflanze mit großem Lichtbedarf. Weist unterschiedliche Blattformen und -farben auf.
Herkunft: Asien
Größe: bis 30 cm
Position: Mitte, Hintergrund
Beckenhöhe: 35 cm
pH-Wert: 6,5 bis 8,0
Wasserhärte: 2 bis 14 °dGH
Temperatur: 22 bis 28° C

Indischer Wasserstern
Hygrophila difformis

Sehr wüchsige und lichthungrige Pflanze. Kommt sehr gut in dichten Büschen zur Geltung.
Herkunft: Asien (Indien, Thailand, Malaysia)
Größe: Blätter bis zu 12 cm
Position: Mitte, Hintergrund
Beckenhöhe: 35 cm
pH-Wert: neutral bis schwach sauer
Wasserhärte: bis 15 °dGH
Temperatur: 24 bis 28° C

Japanisches Schaumkraut
Cardamine lyrata

Ursprünglich eine Sumpfpflanze, die hervorragend unter Wasser gedeiht. Der charakteristische Wuchs in Ranken ist sehr dekorativ.
Herkunft: Asien (Japan)
Größe: 20 bis 50 cm
Position: Hintergrund
Beckenhöhe: 55 cm
pH-Wert: 6,0 bis 8,0
Wasserhärte: weich bis hart
Temperatur: 15 bis 24° C

- **Javafarn**
  Microsorum pteropus

Langsam bis mäßig schnell wachsende, robuste Pflanze, die bevorzugt auf Steinen und Wurzeln wächst. Im Notfall kann sie auch auf Kies gelegt werden – keinesfalls sollte sie eingegraben werden.
Herkunft: Südostasien
Größe: 15 bis 30 cm
Position: Mitte, Hintergrund
Beckenhöhe: 30 bis 50 cm
pH-Wert: 5,0 bis 8,0
Wasserhärte: sehr weich bis hart
Temperatur: 20 bis 28°C

- **Javamoos**
  Vesicularia dubyana

Anspruchsloses, buschiges, sich häufig verzweigendes Moos, das auch bei nur mäßiger Beleuchtung wächst. Javamoos eignet sich hervorragend für kleinere Becken und gedeiht besonders gut auf Wurzeln, Holz und Steinen.
Herkunft: Südostasien
Größe: 3 bis 10 cm
Position: Vordergrund
Beckenhöhe: 10 cm
pH-Wert: 5,0 bis 9,0
Wasserhärte: sehr weich bis sehr hart
Temperatur: 15 bis 30° C

- **Kleines Fettblatt**
  Bacopa monnieri

Leicht zu pflegende Pflanze, die bei fast allen Bedingungen gedeiht. Auch im Sommer für den Gartenteich geeignet.
Herkunft: Südamerika
Größe: 25 bis 50 cm
Position: Hintergrund
Beckenhöhe: 55 cm
pH-Wert: 6,0 bis 9,0
Wasserhärte: weich bis sehr hart
Temperatur: 15 bis 30° C

- **Kleine Wasserlinse**
  Lemna minor

Schwimmpflanze, die als guter Eisenindikator dient: Wird sie gelb, sollte man den Eisengehalt prüfen und gegebenenfalls düngen. Anspruchslos in der Pflege. Achtung: Lassen Sie den Pflanzenteppich auf der Wasseroberfläche nicht zu dicht werden, da sonst kein Licht zu den anderen Pflanzen durchdringen kann.
Herkunft: Tümpel und Teiche auf der ganzen Welt
Größe: Blätter zwischen 3 und 4 mm
Position: Wasseroberfläche
Beckenhöhe: 10 cm
pH-Wert: 5,5 bis 7,5
Wasserhärte: 2 bis 15 °dGH
Temperatur: 10 bis 30° C

- **Raues Hornblatt**
  Ceratophyllum demersum

Frei schwimmende Pflanze, heimische Unterwasserpflanze, die keine Wurzeln bildet. Sehr guter Sauerstoffspender.
Herkunft: weltweit
Größe: bis zur Wasseroberfläche
Position: Mitte, Hintergrund
Beckenhöhe: 30 cm
pH-Wert: 6,0 bis 7,5
Wasserhärte: 5 bis 15 °dGH
Temperatur: 18 bis 28° C

- **Riesen-Haarnixe**
  Cabomba aquatica

Im Wasser lebende Stängelpflanze, die nach der Bildung von Schwimmblättern gelbe Blüten trägt. Sehr lichthungrig.
Herkunft: tropisches Südamerika
Größe: 30 bis 60 cm
Position: Mitte
Beckenhöhe: 60 cm
pH-Wert: 5,5 bis 6,5
Wasserhärte: weich
Temperatur: 23 bis 25° C

Riesen-Vallisnerie
Vallisneria gigantea

Unproblematische und schnell wachsende Pflanze, die sehr gut für große Aquarien geeignet ist. Wächst sie über die Beckenhöhe hinaus, legt sie sich auf der Wasseroberfläche ab.
Herkunft: Asien (Neuginea, Philippinen)
Größe: 100 bis 130 cm
Position: Hintergrund
Beckenhöhe: ab 80 cm
pH-Wert: 6,0 bis 7,5
Wasserhärte: mittelhart
Temperatur: 18 bis 30°C

Speerblatt
Anubias

Alle Arten des Speerblatts sind robuste Sumpfpflanzen, die mit wenig Licht auskommen und langsam wachsen. Sie gedeihen gut auf Wurzeln und Steinen.
Herkunft: Westafrika
Größe: 10 bis 40 cm
Position: Mitte, Hintergrund
Beckenhöhe: 30 cm
pH-Wert: 6,0 bis 8,0
Wasserhärte: sehr weich bis hart
Temperatur: 22 bis 28° C

Wendt'scher Wasserkelch
Cryptocoryne wendtii

Sehr anspruchslose Pflanze mit rosettig angeordneten Blättern. Lässt sich sehr leicht vermehren.
Herkunft: Sri Lanka
Größe: 10 bis 20 cm
Position: Vordergrund, Mitte
Beckenhöhe: 25 cm
pH-Wert: 5,5 bis 9,0
Wasserhärte: sehr weich bis sehr hart
Temperatur: 22 bis 26° C

- **Zwergkleefarn**
  Marsilea hirsuta

Die Pflanze an der Luft

Im Aquarium eingesetzte Pflanze

Faszinierende Pflanze, deren Blätter an vierblättrigen Klee erinnern. Breitet sich rasch im Aquarium aus.
Herkunft: Australien
Größe: 2 bis 10 cm
Position: Vordergrund
Beckenhöhe: 30 cm
pH-Wert: 5,0 bis 7,4
Wasserhärte: sehr weich bis hart
Temperatur: 18 bis 28° C

Was beim Bepflanzen des Aquariums beachtet werden sollte

Generell gilt, dass das Becken nicht „überbepflanzt" werden sollte. Zu viele Pflanzen könnten sich gegenseitig beim Wachstum und der Ausbreitung der Blätter behindern. In den Hintergrund gehören Pflanzen, die hoch wachsen. Für den mittleren Bereich eignen sich eher Pflanzen, die nicht zu wuchtig wirken und kleiner sind als die im Hintergrund. Der Vordergrund sollte frei bleiben oder höchstens mit sehr kleinen Pflanzen besetzt werden. Die einzelnen Pflanzenarten setzt man in kleinen Gruppen zusammen. Bei der Verwendung von Schwimmpflanzen ist zu beachten, dass die Wasseroberfläche nur mit maximal 25 % von den Pflanzen bedeckt wird, damit genügend Licht in alle Beckenregionen gelangen kann. Moos und Farn lassen sich gut an Holz anbringen. Ihre Wurzeln klemmt man ganz einfach in die Ritzen oder Spalten des Holzstücks.

Bevor die Pflanzen eingesetzt werden, sollte der Transportbeutel etwa eine halbe Stunde lang geschlossen im Raum liegen, damit sich die Pflanzen langsam an die Raumtemperatur gewöhnen können. Danach werden sie aus den Töpfen genommen und vollständig von Schmutz, Steinen, Steinwolle und welken Blättern befreit. Abgestorbene, dunkle Stängelteile sollte man bei Stängelpflanzen vorsichtig mit einer kleinen Schere entfernen. Kürzt man die Wurzeln auf rund 3 cm, kann das Wachstum der Pflanzen von vornherein angeregt werden. Um Rosettenpflanzen ins Aquarium zu setzen, drückt man diese in ein

Pflanzen richtig einsetzen

Stängelpflanzen können Sie einfach mit einem Stein beschweren, fertig.

Für Rosettenpflanzen bohren Sie mit dem Finger zunächst ein Pflanzloch in den Bodengrund.

Dann stecken Sie die Pflanze vorsichtig in das Loch, drücken den Kies nur leicht an und ziehen die Pflanze wieder etwas nach oben, sodass der Wurzelansatz noch frei bleibt.

Pflanzloch und zieht sie dann wieder bis zum Wurzelstock leicht nach oben. Das hat den Vorteil, dass die Wurzeln schon die richtige Wuchsrichtung annehmen können und keine weitere Kraft aufwenden müssen, um sich den Weg nach unten zu bahnen. Bei Stängelpflanzen ist darauf zu achten, dass sich ihre Blätter nicht überlappen.

Sind alle Pflanzen im Becken untergebracht, sollte man ihnen erst einmal etwas Ruhe gönnen, damit sie sich akklimatisieren können. In den ersten Tagen können die Pflanzen einige Blätter verlieren, weil sie sich erst an die neue Umgebung gewöhnen müssen.

Was brauchen Pflanzen zum Gedeihen?

Vor allem Pflege und etwas Zeit. Pflanzen, die zu groß wachsen, müssen reduziert werden. Zu viele große Pflanzen konkurrieren gegenseitig um Licht und Raum und am Ende würden alle Pflanzen darunter leiden. Abgestorbene, kranke und schwache Pflanzen sollten

ebenfalls dem Becken entnommen werden. Ein regelmäßiger Wasserwechsel und eine gute Filterung sind wichtig, damit die Pflanzen gedeihen können.

Ohne Licht können Pflanzen nicht existieren. Sie benötigen es für ihre Fotosynthese. Werden sie in der richtigen Lichtstärke angestrahlt, wird ihr Stoffwechsel angeregt.

Und natürlich brauchen Pflanzen – wie jedes andere Lebewesen auch – Nahrung. Ihr Bedarf an Nahrung steigt, je besser ihr Stoffwechsel funktioniert. Zum Gedeihen benötigen die Pflanzen Düngemittel, wenn auch nur in kleinen Mengen. Düngemittel sind mineralischen Ursprungs – Magnesium, Mangan, Kalium, Phosphor, Stickstoff und Eisen – und sind sowohl in flüssiger als auch in fester Form vorzufinden. Tabletten, Dünger in fester Form, haben den Vorteil, dass man sie direkt bei den Wurzeln platzieren kann. Für Pflanzen, die ihre Nährstoffe über die Blätter aufnehmen, ist eher ein flüssiger Dünger geeignet.

Dreilinien-Panzerwels
Corydoras trilineatus

Typische Fischkrankheiten

Auffälliges Verhalten

Fische schnappen an der Oberfläche nach Luft

Das Wasser ist nicht sauerstoffreich genug. Gründe dafür können sein: Das Becken wurde mit zu vielen Fischen besetzt, das Bodensubstrat enthält Faulstellen oder gegebenenfalls ist die Heizung defekt. Stellen Sie sicher, dass das Becken sowie die Technik in Ordnung sind, durchlüften Sie das Becken gut und nehmen Sie einen Teilwasserwechsel vor, bei dem bis zu 90 % frisches Wasser ins Becken gelangen sollte.

Fische versuchen, aus dem Becken zu springen

Das könnte auf eine schlechte Wasserqualität hindeuten. Prüfen Sie alle Wasserwerte und nehmen Sie je nachdem Einfluss auf den pH-Wert, die Wasserhärte oder den CO_2-Wert. Wie sich diese Werte beeinflussen lassen, können Sie ab Seite 26 im Abschnitt „Das Wasser" nachlesen.

Wenn sich auffallend viele Fische aus dem mittleren Wasserbereich an der Wasseroberfläche aufhalten und nach Luft schnappen, sollten Sie dringend die Sauerstoffsättigung des Wassers überprüfen.

Fische rupfen Pflanzen heraus

Keine Angst, es besteht kein Grund zur Sorge. Hier lässt sich typisches Laichverhalten erkennen, die Fische bauen sich ein Nest.

Kranke Fische trennen

Wie gut man sein Aquarium auch pflegen mag, so kann es doch immer vorkommen, dass der eine oder andere Fisch kränkelt. Es ist wichtig, sofort zu reagieren, sobald eine Auffälligkeit bei einem Aquariumbewohner zu entdecken ist. Solange nicht klar ist, worunter „der Patient" leidet, ist es ratsam, ihn vorerst von den anderen Fischen zu trennen, um die Gefahr einer Ansteckung zu mindern. Lässt sich das Krankheitsbild des Fisches nicht genau bestimmen, so sollte man lieber einen Experten zurateziehen, anstatt wahllos mit Chemie herumzuexperimentieren.

Wenn es wirklich nötig ist, Chemie einzusetzen, so ist auf eine fachgerechte Lagerung der Medikamente zu achten. Packungen müssen von Kindern ferngehalten und das Verfallsdatum stets beachtet werden. Medikamente und Aquarienchemikalien sollten nie zeitgleich verwendet werden, da man nicht weiß, wie die beiden Stoffe zusammen reagieren. Damit das Medikament richtig angewandt wird, muss dringend die Packungsbeilage beachtet werden!

Bei einigen Fischarten, wie z. B. den Guppys, verursachen Sie unnötigen Stress, wenn Sie nicht für einen Weibchenüberschuss sorgen.

Treffen Sie Vorsorge!

Werden Fische Stress ausgesetzt, sind sie anfälliger für Krankheiten. Folgende Stressfaktoren sollten deshalb vermieden werden:
- überbesetztes Becken
- große Temperaturschwankungen
- schlechte Wasserqualität
- Vergesellschaftung unverträglicher Arten
- einseitige Ernährung.

Beobachten Sie Ihre Fische stets, um Auffälligkeiten direkt zu deuten und dementsprechend handeln zu können.

Die häufigsten Krankheiten auf einen Blick

Auffälligkeit	Symptome
	Feine weiße Pünktchen bedecken den Körper des Fisches. Er scheuert sich an Gegenständen im Aquarium und atmet heftig.
	Der Fisch weist ein Meer von vielen, sehr kleinen Pünktchen auf, die ein Gesamtbild von einem weißlichen bis gelben Belag bilden. Der Körper glänzt wie Samt, der Fisch zieht die Flossen ein und atmet heftig.
	Der Fisch scheuert sich an Gegenständen. Auffällig sind abstehende Kiemendeckel und heftige, häufige Schluckbewegungen.
	Der Leib des Fisches ist stark aufgebläht, oftmals stehen dabei die Schuppen ab. Auffällig sind die sogenannten „Glotzaugen".
	Die Flossen sind auffällig zerfranst, die Kiemendeckel stehen ab. Die Fische scheuern sich an Gegenständen.
	Der Körper des Fisches färbt sich dunkel, er ist sehr mager. Auffällig sind kleine, mit der Zeit größer werdende Löcher in der Kopfregion.
	Weißer, wattebauschähnlicher Belag bedeckt den Körper des Fisches. Je nach Stadium der Krankheit kann dieser auch bräunlich oder sogar grünlich aussehen. Augen, Kiemen und Flossen können mitbetroffen sein.

Möglicher Befund	Was ist zu tun?
Pünktchenkrankheit Das schmarotzende Wimperntierchen (*Ichthyophthirius multifiliis*) wird durch Lebendfutter oder neue Fische eingeschleppt und nistet sich auf der Haut ein.	Behandlung mit malachitgrünoxalathaltigem Medikament. Die Wahrscheinlichkeit, dass sich andere Fische angesteckt haben, ist ziemlich groß. Deshalb ist es ratsam, alle Fische zu behandeln. Während der Behandlung das Becken gut durchlüften und gegebenenfalls Aktivkohlefilter entfernen.
Samtkrankheit Das Geißeltierchen (*Oodinium pillularis*), das über neue Aquariumbewohner eingeschleppt werden kann, schmarotzt auf Haut und Kiemen des Fisches.	Behandlung mit kupferhaltigem Medikament. Achtung: Der Kupfergehalt kann niederen Tieren schaden! Trennen Sie den Patienten deshalb lieber von den noch gesunden Fischen und übrigen Bewohnern und behandeln Sie ihn separat.
Kiemen-Hautwürmer Die Würmer setzen sich in den Kiemen fest.	Behandlung mit vom Tierarzt empfohlenen Medikamenten. Hilfreich kann auch ein Formalinbad sein: 10 Liter Wasser mit 2 Milliliter 35%igem Formalin in einem separaten Behälter vermengen und den kranken Fisch maximal 30 Minuten darin baden.
Bauchwassersucht	Den kranken Fisch sofort von den anderen trennen. Vielleicht kann ein furazolidonhaltiges Medikament helfen, doch die Wahrscheinlichkeit, dass der Fisch sterben wird, ist groß. Wer ihm die Qualen ersparen will, kann ihn mit Nelkenöl schmerzfrei töten.
Bakterielle Flossenfäule	Den kranken Fisch von den gesunden trennen. Ein vom Fachhandel empfohlenes Medikament kann Abhilfe schaffen. Das Wasser des Quarantänebeckens häufig wechseln und den Fisch mit vitaminreichen Futterkomponenten wieder aufpäppeln.
Lochkrankheit	Da die Krankheit meist auf einen Vitaminmangel zurückzuführen ist, muss dem kranken Fisch eine Extraportion Nährstoffe zugeführt werden. Eine Fütterung mit vitaminisiertem Futter kann ihn wieder fit machen.
Verpilzung Entsteht durch eine eventuelle Schwächung der Schleimhäute, durch andere Krankheiten oder auch äußere Verletzungen.	In den Anfangsstadien sollten ein ausgiebiger Wasserwechsel von bis zu 50 % und eine eventuelle Temperaturerhöhung ausreichen. Bei hartnäckigem Befall helfen Kochsalzbäder oder die Behandlung mit entsprechenden Medikamenten, möglichst in einem einzelnen Becken.

Glossar

Anflugnahrung: Insekten, die auf die Wasseroberfläche fallen.

Artemia-Nauplien: Als Nauplien bezeichnet man die Primärlarven von Krebstieren in den ersten Lebenstagen nach dem Schlüpfen aus dem Ei.

Artemien: Salinenkrebschen, die Fischen als vitaminreiches Lebendfutter dienen.

Artenbecken: In einem Artenbecken wird nur eine Fisch- oder Wirbellosenart mit ihren spezifischen Haltevoraussetzungen in einem Becken gehalten.

Biologisches Gleichgewicht: Das biologische Gleichgewicht hängt vom richtigen Verhältnis zwischen Tieren, Pflanzen und Mikroorganismen ab.

Biostarter: Sie sind im Fachhandel erhältlich und sollen ein neues Becken schnell einzugsfähig machen, indem sie das Wasser mit Mikroorganismen versorgen. Doch man kommt auch ohne Biostarter aus.

Brackwasser: Fluss- oder Meerwasser mit einem Salzgehalt von 0,1 % –1 % (1 ‰– 10 ‰). Wasser mit geringerem Salzgehalt heißt Süßwasser, Wasser mit höherem Salzgehalt Salzwasser. Brackwasserzonen befinden sich im Bereich von Flussmündungen.

Cyclops: Winziger Kleinkrebs, der unter Fischen als Delikatesse bekannt ist.

Drosophila: Fruchtfliege, die Fische, die an der Wasseroberfläche leben, besonders gerne mögen.

Durchlüfter: Ein Durchlüfter sorgt für eine gute, kontinuierliche Wasserzirkulation.

Fotosynthese: Während der Fotosynthese produzieren Pflanzen viel Sauerstoff, der für alle Aquarienbewohner lebenswichtig ist.

Gesellschaftsbecken: In einem Gesellschaftsbecken werden verschiedene friedfertige Fisch- und Wirbellosenarten mit gleichen oder zumindest ähnlichen Haltevoraussetzungen in einem Becken gehalten.

Gesamthärte – GH-Wert: Der Wert hat großen Einfluss darauf, wie wohl sich die Fische, Garnelen und Schnecken im Wasser fühlen. Salze bestimmen diesen Wert.

Gonopodium: Begattungsorgan mancher Fischmännchen.

Hamburger Mattenfilter: Schwammfilter, der nur eine geringe Ansaugströmung im Aquarium erzeugt und dadurch kleine Aquariumbewohner wie z. B. Jungtiere schont. Seine große Filteroberfläche wird zudem gerne von Zwerggarnelen und Wasserschnecken abgeweidet.

Ionenaustauscher: Ein Ionenaustauscher kann ein Kationen- oder ein Anionenaustauscher sein. Das Gerät dient dazu, pH-, GH- sowie KH-Wert zu beeinflussen.

Karbonathärte – KH-Wert: Der KH-Wert zeigt den Anteil von Bikarbonat im Wasser an.

Mulmglocke: Mithilfe einer Mulmglocke lässt sich das Bodensubstrat ganz einfach säubern.

Osmoseanlage: Mithilfe einer Osmoseanlage lassen sich Wasserwerte exakt bestimmen.

Solitärpflanze: Pflanze, die sich durch ihre Blattfarbe oder -form von den anderen Pflanzen abhebt und das Aquarium optisch dominiert.

Tubifex: Kleine, rote Würmer, die Fischen und Garnelen als Futter dienen.

Register

© 2009 SAMMÜLLER KREATIV GmbH

Genehmigte Lizenzausgabe
EDITION XXL GmbH
Fränkisch-Crumbach 2009
www.edition-xxl.de

Text:
SAMMÜLLER KREATIV GmbH
Petra Kumbartzky

Fotos und Illustrationen:
Chris Lukhaup 52, 58–59, 67, 88 o., 92, 94, 98, 99 o.,
104 o., 105–106, 109 o., 114, 116, 118, 120–124,
126–127, 131 l. o., 133 l. u., 135 m.
JJPhoto.dk, Archiv 20, 22–23, 25, 27–33, 42, 45, 57,
62–65, 69–75, 76 o., 78–79, 80 u., 81, 82 o., 83–86,
88 u., 89–91, 93, 95 o., 96–97, 99 u., 100–103, 104 u.,
107–108, 110–113, 131 l. u., 132, 133 m., 134,
135 l. o., 140
SAMMÜLLER KREATIV GmbH 6–9, 11–12, 14–15,
17–19, 21, 24, 34–41. 44, 46–48, 51, 54–56, 61, 66,
68, 76 u., 77, 80 o., 82 u., 87, 95 u., 109 u., 119, 128,
130, 131 m., 133 l. o., 135 l. u., 136–138, 141–142

Layout, Satz und Umschlaggestaltung:
SAMMÜLLER KREATIV GmbH
Produktion: Palmamedia s.l.

ISBN (13) 978-3-89736-885-9
ISBN (10) 3-89736-885-4

Wir bedanken uns ganz herzlich bei dem
Team des Kölle-Zoo in Weiterstadt für die
fachliche Unterstützung!